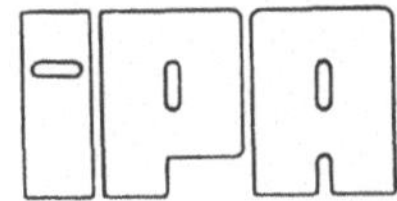

Forschung und Praxis · Band 71

Berichte aus dem Fraunhofer-Institut
für Produktionstechnik und Automatisierung,
Stuttgart, und dem Institut
für Industrielle Fertigung und Fabrikbetrieb
der Universität Stuttgart

Herausgeber: Prof. Dr.-Ing. H. J. Warnecke

Gerald Weber

Gestaltung eines integrierten Produktionssystems für die Sortenfertigung unter Einsatz der Clusteranalyse

Mit 54 Abbildungen

Springer-Verlag
Berlin Heidelberg New York Tokyo 1983

Dipl.-Ing. Gerald Weber
Fraunhofer-Institut für Produktionstechnik und Automatisierung (IPA), Stuttgart

Dr.-Ing. H. J. Warnecke
o. Professor an der Universität Stuttgart
Fraunhofer-Institut für Produktionstechnik und Automatisierung (IPA), Stuttgart

D 93

ISBN-13:978-3-540-12650-8 e-ISBN-13:978-3-642-82098-4
DOI: 10.1007/978-3-642-82098-4

Gesamtherstellung: Copydruck GmbH, Offsetdruckerei, Industriestraße 1-3, 7251 Heimsheim, Telefon 0 70 33/38 25-26
2362/3020–543210

Geleitwort des Herausgebers

Die Entwicklungen in der Produktionstechnik in den letzten Jahrzehnten haben entscheidend zur positiven wirtschaftlichen und sozialen Entwicklung in der Bundesrepublik Deutschland beigetragen. Die Produktivität konnte jedes Jahr um durchschnittlich etwa 3,5 % gesteigert werden. Mechanisierung und Automatisierung wurden und werden stetig weiter vorangetrieben. Während es sich bisher jedoch um Verbesserungen an einzelnen Maschinen und Anlagen sowie Verfahren handelte, werden heute alle Unternehmensbereiche erfaßt, und man ist bemüht, das gesamte System Unternehmen bzw. Produktionsbetrieb zu optimieren. Das klassische Bemühen um Optimierung des Einsatzes und Zusammenwirkens der Produktionsfaktoren Mensch, Maschine und Material muß heute erweitert werden, um die Berücksichtigung sozialer Belange,gesetzlicher Auflagen, Probleme der Energieversorgung, schnellen Veränderungen an den Produkten und auf den Märkten sowie Sicherung der Qualität und der Lieferfähigkeit.

Von wissenschaftlicher Seite wird und muß dieses Bemühen unterstützt werden durch die Entwicklung von Methoden und Vorgehensweisen zur systematischen Analyse und Verbesserung des Systems Produktionsbetrieb. Hier ist heute insbesondere auch der Fertigungsingenieur gefordert, nicht nur einzelne Maschinen und Verfahren zu beherrschen, sondern das gesamte komplexe System hinsichtlich der Verknüpfung seiner Elemente durch zweckmäßigen Informations- und Materialfluß. Beispielhaft seien dazu nur hinsichtlich des Informationsflusses die heute gegebenen Möglichkeiten der Datenerfassung und -verarbeitung in Fertigungsplanung und -steuerung, an den einzelnen

Produktionsanlagen sowie im Qualitätswesen genannt. Im Materialfluß geht es um richtige Auswahl und Einsatz von Fördermitteln, Förderhilfsmitteln sowie Anordnung und Ausstattung von Lägern. Der weiteren Automatisierung in der Handhabung von Werkstücken und Werkzeugen sowie der Montage von Produkten wird in nächster Zukunft allergrößte Aufmerksamkeit geschenkt werden. Leistungsfähige Sensoren werden die Möglichkeiten dafür sehr stark vergrößern.

Die beiden vom Herausgeber geleiteten Institute, das Institut für Industrielle Fertigung und Fabrikbetrieb der Universität Stuttgart sowie das Fraunhofer-Institut für Produktionstechnik und Automatisierung in Stuttgart, arbeiten in grundlegender und angewandter Forschung intensiv an den aufgezeigten Entwicklungen in der Produktionstechnik mit. Zur Umsetzung gewonnener Erkenntnisse wird die Schriftenreihe "IPA Forschung und Praxis" herausgegeben. Der vorliegende Band setzt diese Reihe fort, eine Übersicht über bisher erschienene Titel wird am Schluß dieses Bandes gegeben.

Dem Verfasser sei für die geleistete Arbeit gedankt, dem Springer-Verlag für die Aufnahme dieser Schriftenreihe in seine Angebotspalette und der Druckerei für saubere und zügige Ausführung. Möge das Buch von der Fachwelt gut aufgenommen werden.

Hans-Jürgen Warnecke

Vorwort

Die vorliegende Dissertation entstand während meiner Tätigkeit als wissenschaftlicher Mitarbeiter am Fraunhofer-Institut für Produktionstechnik und Automatisierung (IPA) in Stuttgart.

Herrn Professor Dr.-Ing. H. J. Warnecke, dem Direktor des Instituts, bin ich für seine wohlwollende Förderung der Arbeit zu besonderem Dank verpflichtet.
Herrn Professor DTech. h. c. Dipl.-Ing. K. Tuffentsammer danke ich für die eingehende Durchsicht der Arbeit und die sich daraus ergebenden Hinweise.

Ein herzlicher Dank geht ferner an Herrn Professor Dr.-Ing. habil H. J. Bullinger für seine konstruktive Kritik.

Bei allen Mitarbeitern des Instituts, die mir bei der Fertigstellung dieser Arbeit behilflich waren, bedanke ich mich recht herzlich.
Dieser Dank gilt insbesondere Herrn Dr.-Ing. J. Warschat, Herrn Dr.-Ing. H.-J. Kölle und Dipl.-Wirtsch.-Ing. T. Kraus, die durch wertvolle Kritik und Anregung zu dieser Arbeit beigetragen haben.

Stuttgart, April 1983 Gerald Weber

INHALTSVERZEICHNIS

Seite

Seite

Seite

0 ABKÜRZUNGEN, EINHEITEN UND FORMELGRÖSSEN

Zeichen	Einheiten	Bedeutung
$\bar{a}$	Stk	Mittelwert der Absatzzahlen
$\underline{a}$	Stk	maximal mögliche Fertigungsstückzahl je Variante (es wird nur eine Variante gefertigt)
ABO		Aufbauorganisation
ABSTMV		Programm zur Berechnung von Abstimmverlusten
$AEK_{i,K,j}$		Ähnlichkeitskoeffizient der Variante i mit der Variante K innerhalb der Variantengruppe j
AM	Personen	Anzahl Transportpersonal, Materialbereitstellung
AP	Personen	Anzahl Rüstpersonal/Rüstvorgang
AP_m	Personen	Anzahl Montagepersonal
ASZ	Stk	Auftragsstückzahl
$AT_{i,j}$		Teileanzahl der betrachteten Variante i innerhalb der Variantengruppe j
ATP_{TEA}		Anzahl der Teile des Programmbedarfs ohne Dispositionsspielraum
b		Anzahl der Mengengleichungen
BB	Stk	Bestellbestand; Programmstückzahl
BED_{GTi}	Stk	Bedarf Gleichteil i
BED_i	Stk	Bedarf in Periode i
BED_{LBG_S}	Stk	Bedarf bei Soll-Lieferbereitschaftsgrad
BED_{MVTi}	Stk	Bedarf Mehrfachverwendungsteil i
BED_{VTi}	Stk	Bedarf Variantenteil i
BK	DM/Los	Bestellkosten/Los
BM	Stk	Bestandsmenge

Zeichen	Einheiten	Bedeutung
CFA		Component Flow Analysis
DB	DM	Deckungsbeitrag/Stück
DLZ	ZE	Durchlaufzeit
DLZ*	ZE	Durchlaufzeit bei KAPG = 1,0
DSP_{MVTi}	Stk	Dispositionsspielraum für Mehrfachverwendungsteil i
DSP_{VA}	Stk	Dispositionsspielraum je Variante
DPZ	Stk	Dispositionszuschlag
e		e=2,71828..., Basis der natürlichen Logarithmen
EDV		Elektronische Datenverarbeitung
EK	DM	Einzelkosten
EM		Endmontagesystem
EPM		Engpaßkapazität
F	$\frac{1}{ZE}$	Flexibilität
FA		Fertigungsablauf
FG		Anzahl der Arbeitsgänge je Werkstattauftrag
FK	DM	Fixkosten des betrachteten Arbeitssystems
FREQ		Häufigkeitsanalyse-Programm
G	DM	Gewinn
ΔG	DM	Fehlmengenkosten durch entgangenen Gewinn
$GAT_{TEA,TEZ}$		Gesamtstückzahl an Teilen je Teileart
$GDV_{TEA,TEZ}$		Gesamtanzahl Varianten des Dispositionsspielraumes je Teileart mit gleicher Teileanzahl
GK	DM	Gemeinkosten
GK_L	%	Gemeinkostensatz-Lagerpersonal
GK_M	%	Gemeinkostensatz-Transportpersonal
GK_R	%	Gemeinkostensatz-Rüsten
GKP_m	%	Gemeinkostensatz-Montagepersonal
$GT_{TEA,TEZ}$		Gesamtanzahl an Teilen je Teileart mit gleicher Teileanzahl

Zeichen	Einheiten	Bedeutung
$GTD_{TEA,TEZ}$		Gesamtanzahl Teile des Dispositionsspielraumes je Teileart mit gleicher Teileanzahl
$GV_{TEA,Rest}$		restliche Anzahl Varianten einer Teileart nach der i-ten Berechnung
$GV_{TEA,TEZ}$		Gesamtanzahl Varianten je Teileart mit gleicher Teileanzahl
HFZ		Hartbearbeitungszelle
HK	DM	Herstellkosten
INFO		Informationssystem
k		Anzahl der betrachteten (Zeit-)Einheiten
K_{eff}	Min/Tag	effektiv verplanbare Kapazität
K_{LBG}		Faktor aus Standardnormalverteilung bei definiertem Lieferbereitschaftsgrad (Wahrscheinlichkeit)
K_{tn}	Min/Tag	theoretisch nutzbare Kapazität
KAPG		Kapazitätsnutzungsgrad
KB	DM·ZE	Kapitalbindung
KBK	DM	Kapitalbindungskosten
KBKG		Kapitalbindungskostengrad
KRG		Kostenrentabilitätsgrad
KTB		Kapazitätsbewirtschaftung
KUK	DM	Kosten aufgrund ungenutzter Kapazität
LBG	%	Lieferbereitschaftsgrad
ΔLBG	%	Lieferbereitschaftsgradabweichung
LBG_I	%	Ist-Lieferbereitschaftsgrad
LBG_S	%	Soll-Lieferbereitschaftsgrad
LG		Anzahl der Lagerhaltungsstufen je Werkstattauftrag
LK	DM	Lagerhaltungskosten
M		Maschine, Betriebsmittel
MA		Matrix der Regressionskoeffizienten
MB		Materialbereitstellung

Zeichen	Einheiten	Bedeutung
MEB		Mengenbewirtschaftung
MG		Maschinengruppe
MIW_{VA}	Stk	mittlerer Bedarf je Variante (Prognosewert)
$MIW_{VA,i}$	Stk	Prognosewert je Variante für die Periode i
MKL		Merkmalsklasse
MO		Montage
MOA		Montageauftrag
MSN_i	DM/Std	Maschinenstundensatz für den Rüstvorgang i
n		Anzahl der Werkstattaufträge/Produkt
N(0/1)		Standardnormalverteilung
NTM_{TEA}		Teileminimum je Teileart
P	$\frac{Stk}{ZE \cdot DM}$	Produktivität
p	1/ZE	Lagerhaltungszinssatz
PBD_{VA}	Stk	Primärbedarf mit Dispositionsspielraum je Variante
PL	Stk/ZE	Produktionsleistung
PPS		Produktionsplanung und -steuerung
PRA		Produktion-Absatz
PS		Produktionssystem
PZ		Produktionszelle
q_o^R	Stk	optimales Sammelbestellprodukt
R		Anzahl der Rüstvorgänge (Rüstzeitelemente)
RK_{MO}	DM	Rüstkosten-Montage
RK_{TF}	DM	Rüstkosten-Teilefertigung
ROI	%	Return on Investment (Kapitalrentabilität)
S	Stk	Streuung der Absatzzahlen
s_{ij}		Ähnlichkeitskoeffizient nach Rogers/Tanimoto zwischen den Objekten i und j

eichen	Einheiten	Bedeutung
$_{o,i}$	Stk	Sammelbestellmenge
B_{LBG_S}	Stk	Sicherheitsbestand bei Soll-Lieferbereitschaftsgrad
B_{VA}	Stk	Sicherheitsbestand je Variante
ORT		Sortierprogramm
PSS		Statistical Package for the Social Sciences
TDL	DM/Std	Stundenlohn des Lagerpersonals
TDM	DM/Std	Stundenlohn des Transportpersonals
TDP	DM/Std	Stundenlohn des Montagepersonals
TDR	DM/STD	Stundenlohn des Rüstpersonals
$DM_{TEA,TEZ_{max}}$		Summe der Variantenstückzahlen aus Produktionsprogramm und Dispositionsspielraum je Teileart mit höchster Teileanzahl
T		Anzahl an Perioden/Jahr
t	ZE	Reaktionszeit
t_A	Std.	Anlauf- und Auslaufzeit eines Montageauftrages
T_{i+1}		nächster Bestelltermin der Repräsentativ-Variante
t_L	Std	Einlagerungszeit
t_M	Std	Umrüst-, Transportzeit je Variantenteil
t_o^R	ZE	optimales Bestellintervall des Repräsentativproduktes
t_{PLZ}		Planungszeitpunkt
$t_{R,i}$	Std	Umrüstzeit für Rüstvorgang i
T_{Si}		Ist-Eindeckungstermin
t_Z	Std/60	Taktzeit je Arbeitsplatz
TA		Anzahl der Umrüstvorgänge, die durch Variantenteile verursacht werden
TAR	Stk	Anzahl Variantenteile zum Rücktransport

Zeichen	Einheiten	Bedeutung
TE		Teil
TEA		Teileart
TEG		Teilegruppe
TEZ		Teileanzahl
TF		Teilefertigung
TV_i	Stk	Anzahl Varianten mit Teil i
TVG	Stk	Anzahl Varianten je Variantengruppe
U	DM	Umsatz
UEG_i		Überdeckungsgrad des Teiles i
UEA_{ij}		Überdeckungsart der Variante i in der Variantengruppe j
UHK	1/Mon.	Umschlagshäufigkeit
v		Anzahl unterschiedlicher Varianten
VA		Variante
VAG		Variantengruppe
VM		Vormontagesystem
VMJ	Stk	Jahresverbrauchsmenge
VW_{VA}	Stk/ZE	Verteilung der Verbrauchswerte je Variante
$VW_{VA,i}$	Stk	Verbrauchswerte je Variante (Ist-Werte) der Periode i
W	DM	Wert je Teil oder Produkt
w		Führungsgröße
WB	DM	Wert der Bestandsmenge
WFZ		Weichbearbeitungszelle
WZG		Werkzeuge
X		Auftragsklasse
x		Regelgröße
$\underline{X}$	Stk./Variante	Mengenvektor

Zeichen	Einheiten	Bedeutung
x_{LBG_S}	Stk	oberer Grenzwert der Verteilung Φ bei definiertem LBG_S
Y		Auftragsklasse
y_{Re}		Stellgröße
Z		Auftragsklasse
z	Stk	zufälliger Bedarf
z_i		Störgröße
Φ		Wahrscheinlichkeitsverteilung
σ_{VA}		Varianz der Verbrauchswerte (Absatzzahlen)

1 EINLEITUNG

Marktorientierung durch eine gezielte Produktpolitik ist für den Sortenfertiger schon immer das wesentlichste Instrument der Unternehmenssicherung gewesen. Typische Vertreter für die Sortenfertigung sind Gerätehersteller und Unternehmen der Zubehörindustrie, z. B. für Kraftfahrzeuge. Was in neuester Zeit bedingt durch einen schärfer werdenden Konkurrenzkampf am Markt, diesen Unternehmen zunehmend Probleme bereitet, ist das rasche Anwachsen der Zahl von Produktvarianten.

So kommt es beispielsweise vor, daß ein Hersteller von Haushaltsgeräten seine Produktvarianten von 48 auf 180 Varianten steigert, also mehr als verdreifacht hat. Gründe dafür sind eine Vielzahl nationaler Sicherheitsvorschriften und ein differenziertes Angebot von Standard- bis Luxusgeräten.

Die Zunahme der Zahl von Produktvarianten führt in den meisten Fällen dazu, daß ein Großteil der Varianten mit bedeutend geringeren Stückzahlen verkauft werden, als das bei der bisher geringen Zahl an Produktvarianten der Fall war. Um die Kunden weiterhin mit sämtlichen Produkten in möglichst kurzer Zeit beliefern zu können, scheint häufig eine beträchtliche Erhöhung von Beständen an Fertigwaren unumgänglich. Die hohen Kosten durch die Kapitalbindung dieser Bestände wird insbesondere durch Produktvarianten, die in geringen Stückzahlen nachgefragt werden, verursacht. Grund dafür ist, daß der Bedarf dieser häufig als "Exoten" bezeichneten Varianten schwer vorhersagbar ist. Um die Kapitalbindung dieser Exoten wirkungsvoll herabzusetzen, müssen die Bestände im Fertigwarenlager bedeutend vermindert werden. Ein solcher Bestandsabbau führt jedoch zu Fehlbeständen oder verlängerten Lieferfristen und damit zu einer Beeinträchtigung der Lieferfähigkeit gegenüber den Kunden.

Um angesichts dieses Zielkonflikts zwischen geringer Bestandshöhe und hoher Lieferfähigkeit die Rentabilität des Unternehmens auch bei weiterer Zunahme von Produktvarianten zu erhalten, müssen die Verantwortlichen der Produktion nach solchen Lösungen

suchen, die ein optimiertes Verhältnis der beiden Ziele erbringen.
Der hier vorgestellte prinzipielle Lösungsansatz besteht darin, parallel zu der bisher praktizierten "Großserienfertigung auf Lager" eine "kundenauftragsorientierte Kleinserienfertigung" einzuführen. Die Trennung erfolgt in der Weise, daß Produktvarianten mit hohen Stückzahlen nach dem Prinzip der G r o ß - s e r i e n f e r t i g u n g mit hoher P r o d u k t i v i t ä t und mit kleinen Stückzahlen in einer K l e i n s e r i e n - f e r t i g u n g mit hoher F l e x i b i l i t ä t hergestellt werden.
In den meisten Firmen scheitert eine Aufteilung in diese beiden Bereiche vor allem an:

- den hohen Investitionen für die erforderlichen Fertigungsmittel (z. B. gleichzeitiger Einsatz von Transferstraßen und NC-Bearbeitungsmaschinen), deren Kapazität auszulasten ist;
- der Möglichkeit, Produktvarianten eindeutig zuzuordnen, da die Stückzahlen von Monat zu Monat stark schwanken;
- der Konsequenz, diese Trennung nicht nur in der Fertigung, sondern auch hinsichtlich der Aufgaben in der Produktionsplanung und -steuerung vornehmen zu müssen.

Die Aufgabe besteht nun darin, eine organisatorische Lösung zu entwickeln, die eine Aufteilung nach zwei getrennten Produktionsbereichen umgeht und die Anforderungen einer kundenorientierten Kleinserienfertigung und lagerorientierten Großserienfertigung, nämlich Produktivität und Flexibilität g l e i c h - z e i t i g in e i n e m Produktionsbereich erfüllt.

In der vorliegenden Arbeit soll ein Weg beschrieben werden, wie ein Sortenfertiger mit Hilfe einer systematischen Vorgehensweise die Gestaltung einer organisatorischen Lösung für ein Produktionssystem vornehmen kann, die den oben genannten

Anforderungen entspricht.
Besonderer Wert wird auf eine ganzheitliche Betrachtung des Produktionssystems, d.h. auf die gegenseitigen Abhängigkeiten zwischen dem Fertigungssystem und dem Produktionsplanungs- und -steuerungssystem gelegt. Um als Ergebnis ein integriertes Produktionssystem zu erhalten, müssen beide Systeme auf die Produktionsziele , die sich aus den Unternehmenszielen ableiten, ausgerichtet werden.
In der Sortenfertigung existiert eine Vielzahl von Produktvarianten, Teilen, Betriebsmitteln usw., die in die Betrachtungen einbezogen werden müssen. Um die daraus resultierenden vielfältigen Zusammenhänge für die Gestaltung transparent zu machen, müssen Gruppen gebildet werden. Hierzu müssen rationelle Gestaltungsverfahren, die eine EDV-Unterstützung eröffnen, entwickelt oder ausgewählt werden. Zu diesem Aspekt soll die Clusteranalyse auf ihre Einsetzbarkeit hin untersucht werden.

2. AUFGABENSTELLUNG UND ABGRENZUNG DES UNTERSUCHUNGSBEREICHS

2.1. Aufgabenstellung und Vorgehensweise

Strebt man die ganzheitliche organisatorische Lösung eines integrierten Produktionssystemes an, so muß die Vorgehensweise zur Gestaltung ebenfalls ganzheitlich und systematisch ablaufen. Ganzheitlich bedeutet einerseits, daß die Auswirkungen von spezifischen Gegebenheiten des Produktes, in unserem Fall die Sorten, auf die Produktion untersucht werden. Andererseits müssen sämtliche Teilsysteme in die Gestaltung einbezogen werden.

Unter Sorten sei in diesem Zusammenhang eine breite Palette von Produktvarianten teils gleichen teils verschiedenartiger Funktionen zu verstehen, die durch Kombination von Teilen und Baugruppen aus einer Reihe von Ausführungsbaukästen zusammengesetzt /1/ und auf einen Kreis von Kunden abgestimmt sind.

Das Produktionssystem setzt sich aus einem Fertigungssystem mit den Funktionen Bearbeiten, Montieren, Kontrollieren, Transportieren und Lagern /2/ und dem Produktionsplanungs- und -steuerungssystem zusammen.
Zunächst müssen die Fragen geklärt werden

- was unter dem Begriff Integration zu verstehen ist und
- wie man vorgeht, um ein integriertes Produktionssystem zu gestalten.

Allgemein ausgedrückt soll unter I n t e g r a t i o n "die Gestaltung s ä m t l i c h e r am Produktionsprozeß beteiligter Systeme und deren g e g e n s e i t i g e Abstimmung im Hinblick auf eine o p t i m a l e E r f ü l l u n g von Unternehmenszielen"/3/ verstanden werden.

Ein integriertes Produktionssystem weist demnach folgende Merkmale auf:

- die Zielsetzung der einzelnen Systeme und des Gesamtsystems sind e i n d e u t i g auf die Unternehmensziele ausgerichtet;
- die Auswahl und Gestaltung sämtlicher Systeme und Funktionen des Produktionsprozesses orientieren sich an dieser Zielsetzung;
- die gegenseitige Abstimmung der einzelnen Funktionen und Systeme erbringt ein funktionierendes Gesamtsystem.

Es hat sich als zweckmäßig erwiesen, in mehreren Schritten vorzugehen (Bild 1), wobei im ersten Schritt nicht die Planung von technischen Anlagen angegangen werden sollte, sondern zunächst, losgelöst von Randbedingungen, ein "I d e a l k o n z e p t" für das Produktionssystem erstellt werden sollte. Diese Aufgabe wird von einem oder einer Gruppe erfahrener Mitarbeiter der Unternehmensplanung, im folgenden Planer genannt, wahrgenommen.
Die Entwicklung dieses Idealkonzeptes erfordert vom Planer zunächst die Aufgabe, die Ziele der Unternehmensleitung, die

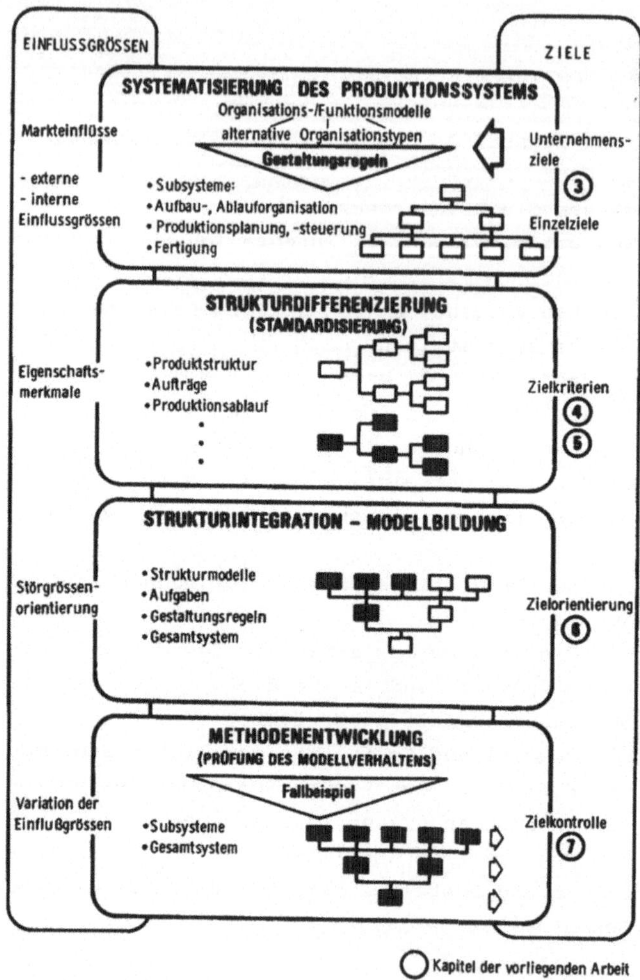

Bild 1: Inhaltsübersicht und Vorgehensweise der vorliegenden Arbeit

anhand von Zahlenwerten (wie 5 % Umsatzzuwachs) vorgegeben sind, auf Ziele für die Produktion abzuleiten.
In vielen Fällen wird er feststellen, daß ihm ein Instrumentarium bzw. eine Systematik zur Gestaltung fehlt und in besonderem Maße gilt dies, wenn es um die Quantifizierung von Zielen wie Produktivität und Flexibilität in Abhängigkeit von anderen

Zielen der Produktion geht. Um Ziele für die Produktion quantifizieren zu können, wird ein Z i e l s y s t e m benötigt, mit dem die Beziehungen zwischen Einzelzielen darstellbar und überprüfbar sind.

Im zweiten Schritt der Gestaltung muß der Planer überlegen, welche wesentlichen Funktionen ein ideales Produktionssystem haben muß und welche prinzipiellen Lösungsmöglichkeiten für die gewählten Ziele die geeignetsten sind. Hierzu benötigt er eine systematische Aufstellung von alternativen Lösungsmodellen. Diese müssen sich sowohl auf die Aufbauorganisation des Produktions- und Informationssystems, als auch auf Funktionen der Ablauforganisation des Fertigungs- sowie des Produktionsplanungs- und -steuerungssystems beziehen.
Die zielorientierte Auswahl von alternativen Modellen und deren Zusammenfassung in einem Idealkonzept soll dem Planer als Orientierungshilfe für die Gestaltung dienen. Die alternativen Modelle werden im folgenden G e s t a l t u n g s r e g e l n genannt.

Die weiteren Schritte dienen der Gestaltung des R e a l k o n z e p t e s , das sich an den wichtigsten Randbedingungen des Unternehmens, speziell der Produktion, orientiert. Die wichtigsten Randbedingungen ergeben sich aus der Art und dem Aufbau des Produktes. Diese sind beispielsweise

- die Zusammensetzung des Produktes bzw. der Produktvarianten aus Baugruppen und Teilen;
- das Nachfrageverhalten von Produktvarianten;
- erforderliche Bearbeitungsverfahren, -abläufe und Bearbeitungszeiten.

Diese Randbedingungen haben neben unterschiedlichen Eigenschaften und Ausprägungen auch starke Beziehungen zueinander, die zwischen den Produktvarianten sehr unterschiedlich sein können. Randbedingungen sind Merkmale des Produktionssystems. Merkmale und deren Beziehungen werden im folgenden Strukturen genannt.

Der Planer muß einerseits die Unterschiede der Strukturen zwischen den Produktvarianten bei der Gestaltung der einzelnen Systeme berücksichtigen, andererseits kann er aber nicht für jede einzelne Produktvariante einen speziellen Gestaltungsvorschlag entwickeln. Deshalb müssen im ersten Schritt zur Entwicklung des Realkonzeptes Gruppen von Produktvarianten, Baugruppen, Werkstücke usw. gefunden werden. Wichtig ist nun, daß solche Gruppen gebildet werden, bei denen innerhalb der Gruppe die Strukturen möglichst ähnliche Merkmalsausprägungen haben, zwischen den Gruppen aber eine möglichst starke Differenzierung erreicht wird.

Eine Besonderheit der Sortenfertigung ist, daß die Zahl der unterschiedlichen Strukturen aufgrund der Sortenvielfalt sehr groß ist. Das folgende Beispiel soll dies erläutern.

Ein Haushaltsgerätehersteller wollte Gruppen von Produktvarianten bilden, wobei die Varianten zu einer Gruppe zusammengefaßt werden sollten, die einen hohen Anteil von Mehrfachverwendungsteilen aufweisen, d. h. nach ihrer Produktstruktur ähnlich sind. Hierzu mußten für 200 Produktvarianten insgesamt 6000 Baugruppen und Teile strukturiert und gruppiert werden.

Um bei einer derartigen Anzahl von Strukturen Ähnlichkeiten zu finden und eine Gruppenbildung mit einem vertretbaren Aufwand vornehmen zu können, müssen rationelle Gestaltungsverfahren ausgewählt oder entwickelt werden. In anderen Wissenschaften wie Biologie, Geologie, Sozialwissenschaften und Medizin hat sich zur Ähnlichkeitssuche ein statistisches Verfahren, die C l u s t e r a n a l y s e [+], die auch als "automatische Klassifikation" bezeichnet wird, für den Einsatz der EDV bestens bewährt.

Die Clusteranalyse geht davon aus, daß eine Objektmenge, z. B. Produktvarianten, die sich aus einer bestimmten Anzahl von Merkmalen (z. B. Baugruppen, Teilen) zusammensetzt, in eine möglichst geringe Zahl von Klassen oder Clustern zerlegt werden kann. Dabei verfolgt die Clusteranalyse das Ziel, daß alle Objekte innerhalb einer Klasse möglichst ähnlich sind, während die Klassen untereinander so unähnlich wie möglich sein sollen. Zur Beschreibung der Ähnlichkeit werden verschiedene Ähnlichkeitsmaße eingeführt. Zur Zusammenfassung von Objekten zu

[+]Clusteranalyse: Statistisches Verfahren zur multivariaten Datenanalyse (Cluster (engl.) Haufen, Traube)

Klassen existieren eine Vielzahl unterschiedlicher Verfahren, die jeweils auf die spezifische Fragestellung hin festgelegt werden müssen.

Die Bildung von Gruppen nach unterschiedlichen Strukturen unter Einsatz der Clusteranalyse, im folgenden Strukturdifferenzierung genannt, versetzt den Planer in die Lage, jeweils auf die einzelnen Gruppen bezogen, Lösungen für die Fertigung und/oder Produktionsplanung und -steuerung zu entwickeln (Strukturmodelle). Der Vorteil der Strukturdifferenzierung soll an einem Beispiel erläutert werden:

Die Bildung von Variantengruppen nach der Produktstruktur bringt das Ergebnis, daß sich innerhalb einer Gruppe die Produktvarianten nur durch eine geringe Anzahl von Varianteteilen unterscheiden, während ein Großteil der Teile Gleich- oder Mehrfachverwendungsteile sind. Zwischen den Gruppen existieren nur wenig Gleichteile. Auf Basis der gebildeten Variantengruppen können nun Aussagen zur Gestaltung und Aufteilung von Montagesystemen, der Materialbereitstellung oder der Bedarfsplanung gemacht werden.
So kann beispielsweise die Aufteilung der Endmontagesysteme jeweils auf eine Gruppe von Produktvarianten bezogen werden, während die Gleichteile-Baugruppen in getrennten Vormontagesystemen für sämtliche Varianten montiert werden.

Ein Problem, das im Anschluß an die Strukturdifferenzierung auftritt, ist, die Fülle von Gestaltungsansätzen in einem funktionierenden Gesamtsystem zu vereinigen und aufeinander abzustimmen (Strukturintegration). Anhand von Idealkonzept und Strukturmodellen muß der Planer sich zunächst der Gestaltung des Fertigungssystems annehmen. Er muß eine Auswahl treffen, welche Produktvarianten, Baugruppen und Teile nach welchen Prinzipien, d. h. nach welchen Gestaltungsalternativen zu fertigen, zu montieren, zu lagern usw. sind.

Im dritten Schritt des Realkonzeptes erfolgt die Gestaltung der Produktionsplanung und -steuerung.
Die Untergliederung der Aufgaben ist ganzheitlich

für alle Ebenen der Produktionsplanung und -steuerung vorzunehmen. Diese Ebenen sind:

- P r o d u k t i o n s p r o g r a m m p l a n u n g (zur Festlegung der Absatzstückzahlen und Verwaltung von Vertriebsaufträgen),
- A u f t r a g s p l a n u n g (zur Ermittlung des Bedarfs an Baugruppen, Teilen, Kapazitäten und der Festlegung von Werkstattaufträgen) und
- W e r k s t a t t s t e u e r u n g (zur Steuerung und Überwachung des Fertigungsprozesses).

Für die wesentlichen Aufgaben werden anhand des Idealkonzeptes und bezogen auf verschiedene Strukturmodelle unterschiedliche Methoden ausgewählt bzw. entwickelt.

So muß beispielsweise für Produktvarianten, die lagerorientiert in großen Stückzahlen gefertigt werden, eine völlig andere Methode zur Losgrößenberechnung eingesetzt werden als bei kundenauftragsorientierter Kleinserienfertigung.

Innerhalb einer Aufgabe und zwischen den Aufgaben müssen die differenzierten Methoden aufeinander abgestimmt werden. Hierzu erhebt sich nicht nur die Frage, wie Methoden der Planung und Steuerung in Abhängigkeit von vorhandenen Fertigungsrandbedingungen entwickelt werden können. Vielmehr ist auch denkbar, daß Teile des Fertigungssystems so verändert werden, daß eine effiziente Plan- und Steuerbarkeit erst ermöglicht wird. Diese Art der Gestaltung unterscheidet sich beträchtlich von der im allgemeinen angewandten, wo versucht wird, die Gegebenheiten des Fertigungsprozesses als unveränderbar anzusehen und ein Produktionsplanungs- und -steuerungssystem "mühsam" anzupassen.
Um festzustellen, ob das Gesamtsystem funktioniert und die angestrebten Ziele erreicht werden, muß der Planer die einzelnen Systeme und die eingesetzten Methoden einzeln und in ihrem Zusammenwirken anhand des Zielsystems prüfen können.

2.2. Vorhandene Arbeiten zum Problemkreis

Da zum vorliegenden Problemkreis eine Fülle unterschiedlicher Arbeiten aus Forschung und Praxis verschiedener Fachdisziplinen vorliegen, werden im folgenden einige wesentliche Ansätze genannt. Diese werden nach zwei Gesichtspunkten untergliedert:

1. Grundlagen und Vorgehensweisen zur Gestaltung eines *integrierten* Produktionssystems.
2. *Integrierte Lösungsansätze* für Teilsysteme der Produktion.

Zu 1.: Grundlagen und Vorgehensweisen
Insbesondere Arbeiten aus den Bereichen Betriebswirtschaft und Organisation beschäftigen sich mit Vorteilen und Lösungswegen einer integrierten Gesamtplanung. Allen Arbeiten gemeinsam ist die Erkenntnis, daß die konventionelle Organisation des Produktionssystems nur unter der Bedingung effektiv ist, daß die Unternehmensumwelt im Absatzmarkt, im Kapitalmarkt usw. zeitlich konstant und einfach voraussehbar ist /4/, /5/, /6/.
Diese Bedingung trifft aber gerade für die Sortenfertigung mit einer zunehmenden Variantenvielfalt und häufigen Absatzschwankungen nicht zu. SZYPERSKI /7/ hält eine integrierte Vorgehensweise für den einzig machbaren Weg zur Gestaltung eines Produktionssystems, ist aber der Meinung, daß der Integrationseffekt vor allem durch die Verbesserung des Informationssystems etwa durch Einsatz der EDV oder die Neugestaltung von Methoden wesentlich begünstigt wird.
Wenn auch die Organisationsforschung trotz vielfältiger Ansätze für die Praxis keine praktikablen Methoden für ein integriertes Produktionssystem bieten kann, so sind doch die Vorschläge für eine zweistufige Vorgehensweise in der vorliegenden Arbeit von Interesse (/8/, /9/, /10/):

In der ersten Stufe, der Strukturdifferenzierung, ist es das wesentliche Ziel, die grenzüberschreitenden Material- und In-

formationsflüsse möglichst stark zu verringern. Das bedeutet, daß mit Hilfe der Differenzierung Eigenschaften von Strukturen dargestellt werden können, die eine Gestaltung von standardisierten Strukturmodellen für Subsysteme der Produktion ermöglichen.
Die zweite Stufe, die Strukturintegration, hat die Aufgabe, mehrere unabhängige Subsysteme durch "Regelungen derart optimal zu einer Ganzheit zu verknüpfen, daß dadurch die im Vergleich zur einfachen Summe dieser Elemente maximal mögliche Erfüllung des Gesamtzieles erreicht wird" /9/.
Die vorliegende Arbeit greift diese zweistufige Vorgehensweise auf, erweitert jedoch den Ansatz um die Zielbetrachtung und die Erstellung des Idealkonzeptes.

Zu 2.: Integrierte Lösungen für Teilbereiche
Arbeiten, die sich auf integrierte Lösungen beziehen, befassen sich in den meisten Fällen mit der Gestaltung von Teilsystemen für die Produktion.
Sie entstammen Arbeiten, die technisch-gestaltungsorientierte oder arbeitswissenschaftlich-methodenorientierte Themen behandeln.
Problemlösungen für die Produktionsplanung und -steuerung innerhalb des Einsatzbereiches flexibler Arbeitsstrukturen sowie deren Einbindung in ein übergeordnetes gesamtbetriebliches Informationssystem existieren in Verfahren zur Montagesteuerung /11/ und Arbeitsvorratsbildung /12/. Für den Einsatz sogenannter flexibler Fertigungssysteme entwickelten MAIER /13/ und NIESS /14/ Verfahren zur Planung und Steuerung, welche auf die spezifischen Randbedingungen derartiger Systeme abgestimmt sind.
Die genannten Verfahren gehen zwar in Richtung integrierter Lösungen, sind aber nur auf einen engen Kreis von Fertigungssystemen anwendbar und ausschließlich auf kapazitive Gesichtspunkte ausgerichtet. Die Abstimmung zu vor- und nachgelagerten Systemen des Fertigungsprozesses sowie zu übergeordneten Planungsebenen ist darin nicht vorgesehen. Auch ist der Einsatz dieser Verfahren für die Sortenfertigung stark eingeschränkt.
Die speziell für die Sortenfertigung entwickelten Verfahren von DORLOFF /15/ und NEUVIANS /16/ beziehen sich auf kombinierte

Planungsverfahren von Produktionsprogramm, Produktionsvollzug und Materialbereitstellung. Gemeinsam ist diesen Arbeiten, daß sie der Produktionsprogrammplanung als Bindeglied zwischen Markt (Absatz) und Produktion nur einen geringen Stellenwert einräumen; jedoch muß gerade dieser Aspekt für ein zielorientiertes, integriertes Produktionssystem in der vorliegenden Arbeit eine besondere Stellung einnehmen.
Eine Ausnahme innerhalb dieser Arbeiten bildet ein integrierter Ansatz von SUTTER /17/, der die Abstimmung von Fertigungsprozeß und Produktionsplanungs- und -steuerungssystem für die chemische Industrie aufzeigt. Durch Einsatz von Methoden der Kybernetik und ausgehend von einer Planungstheorie für den chemischen Produktionsprozeß wird in dieser Arbeit ein hierarchisches Planungssystem entwickelt. Darin wird jedes Teilproblem in einem Planungsmodell abgebildet und eine Koordination zwischen den Teilmodellen vorgenommen. Der Fertigungsprozeß wird als "Modellierungsobjekt" für die Optimierung der Produktionsplanung aufgefaßt.
Gerade der letztgenannte Aspekt kommt den Belangen der vorliegenden Arbeit sehr nahe; die Übertragbarkeit von Erkenntnissen eines chemischen Prozesses auf die Sortenfertigung ist jedoch nur begrenzt möglich.

2.3. Zielsetzung

Aus den in Abschnitt 2.1. gemachten Ausführungen läßt sich die Z i e l s e t z u n g der vorliegenden Arbeit ableiten:

Bereitstellung von Vorgehensweise und Gestaltungsverfahren für die Gestaltung eines integrierten Produktionssystems für die Sortenfertigung, um die Unternehmensplanung zu unterstützen, eine ganzheitliche, organisatorische Lösung für "ihr" Produktionssystem entwickeln zu können.
Damit sollen Unternehmen der Sortenfertigung in die Lage versetzt werden, in einem Produktionssystem sowohl Produktvarianten mit hohen als auch niedrigen Stückzahlen gewinnbringend herzustellen.

3 SYSTEMATIK ZUR ENTWICKLUNG VON GESTALTUNGSREGELN FÜR EIN INTEGRIERTES PRODUKTIONSSYSTEM

3.1 Vorgehensweise zur Systematisierung von Zielen und Funktionen des Produktionssystems

Eine Vorbedingung für die Neugestaltung des Produktionssystems ist, daß sich die Unternehmensführung zunächst ein exaktes Bild von Situation und Entwicklungstendenzen, von Markt und Unternehmen macht. Im Rahmen der Unternehmensplanung werden dann Strategien aufgestellt, welche die Möglichkeit bieten, zukünftigen Ereignissen zu begegnen,und helfen, das Gesamtergebnis zu verbessern. Hierzu benötigt die Unternehmensplanung gleichermaßen wie die für die Produktion verantwortlichen Mitarbeiter G e s t a l t u n g s r e g e l n, die als eine grobe Orientierungshilfe bei der Neugestaltung herangezogen werden.

E r s t e r Schritt bei der Bildung von Gestaltungsregeln ist die Ausrichtung von E i n z e l z i e l e n der Produktion auf die Unternehmensziele (Bild 2). Einige dieser Einzelziele sind dadurch gekennzeichnet, daß sie in einem gegenläufigen Zusammenhang stehen und zu Zielkonflikten führen. Darüberhinaus ergeben sich für unterschiedliche Gegenstandsbereiche auch unterschiedlich gewichtete Einzelziele, die innerhalb der Zielhierarchie des Produktionssystems in Einklang gebracht werden müssen.
Neben der Aufstellung von Zielen ist die Auswahl von Funktionen der Aufbau- und Ablauforganisation der z w e i t e wichtige Schritt.

Die Vorgehensweise zur Optimierung von Zielen innerhalb hierarchischer Zielsysteme sowie die zielorientierte Bewertung und Auswahl von Gestaltungsregeln sind Gegenstand des d r i t t e n Schrittes. Da dies sinnvoll nur an einem konkreten Einzelfall vollzogen werden kann, wird dieser Schritt innerhalb der Strukturintegration (Kapitel 6) vertieft.

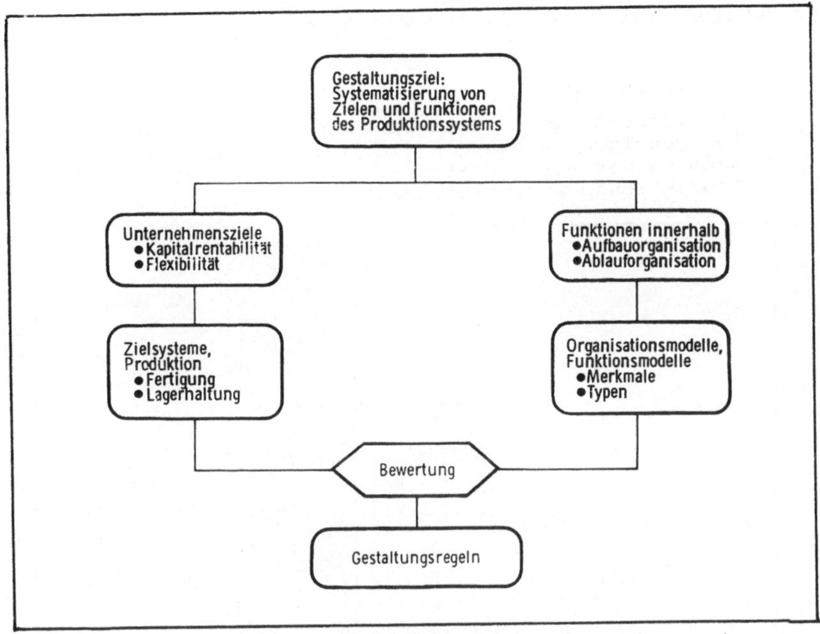

Bild 2: Elemente zur Systematisierung von Zielen und Funktionen des Produktionssystems zur Erstellung von Gestaltungsregeln

3.2 Vorgaben der Unternehmensplanung an das Produktionssystem

3.2.1 Vorgaben zur Erhöhung der Kapitalrentabilität

Das Primärziel der Unternehmen ist die Gewinnmaximierung, wobei Gewinn nicht um j e d e n "Preis" maximiert werden sollte. Für die Bewertung des Unternehmenserfolgs eignet sich die Berechnung der Kapitalrentabilität (ROI ≙Return on Investment). Anhand der in Bild 3 dargestellten DuPont-Pyramide läßt sich für die Kapitalrentabilität beispielsweise zeigen, daß sich eine Steigerung durch die Erhöhung des Kapitalumschlags trotz sinkender Umsatzrentabilität erreichen läßt /18/.

Zur Steigerung der Kapitalrentabilität stellen sich für die Produktion drei Möglichkeiten wie folgt dar:

1. Kostensenkung:

   Verringerung der Herstellkosten z.B. durch Reduzierung des Fertigungsaufwandes (technisches System) oder Senkung der fixen Kosten z.B. durch Reduzierung des Produktionsplanungsaufwandes.

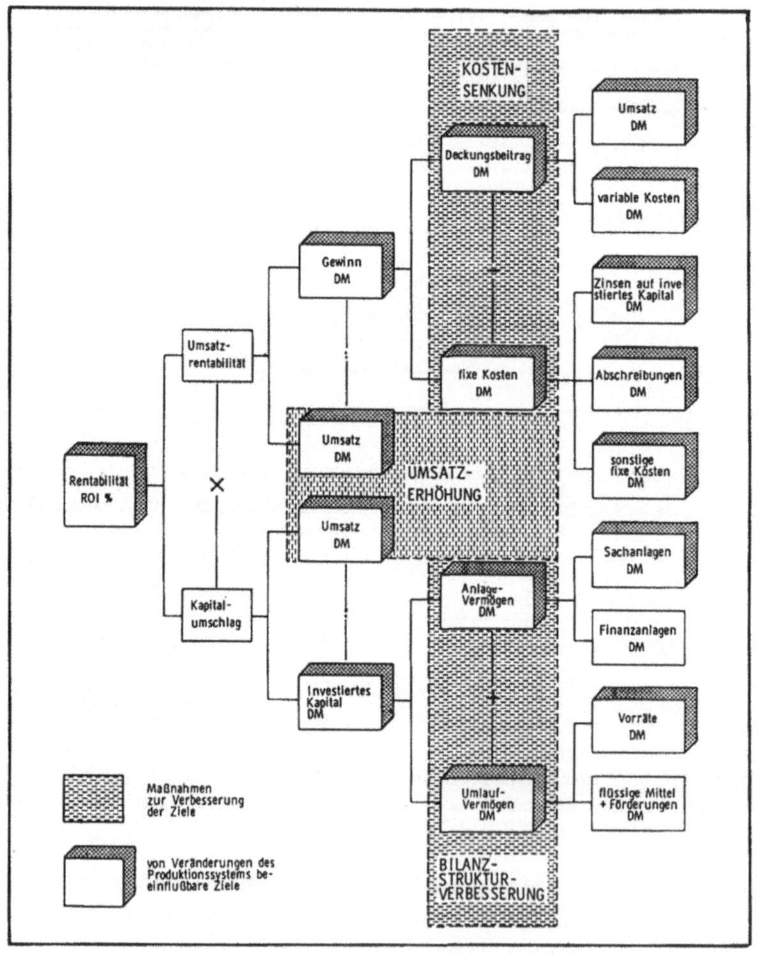

Bild 3: Zielsystem der Unternehmensplanung zur Erhöhung der Kapitalrentabilität (ROI)

2. Umsatzerhöhung:
   Marktorientierung des Produktionssystems.

3. Bilanzstrukturverbesserung:
   Reduzierung des Umlaufvermögens durch Verringerung von Fertigwarenlagerbeständen, Umlaufbeständen oder Reduzierung des Anlagevermögens durch höhere Auslastung der vorhandenen Kapazitäten.

Während in der Vergangenheit insbesondere der Umsatzerhöhung und der Kostensenkung im Rahmen von Rationalisierungsmaßnahmen große Aufmerksamkeit geschenkt wurde, tritt die Bilanzstrukturverbesserung in neuester Zeit immer mehr in den Mittelpunkt. Betrachtet man die Bilanzstruktur von Firmen der Sortenfertigung etwas näher, so wird diese Schwerpunktsverschiebung deutlich. Man kann feststellen, daß ca. 2/3 des Kapitals im Umlaufvermögen und davon knapp die Hälfte in Vorräten gebunden ist.

Da die drei genannten Ansatzpunkte sehr global sind, muß jeweils nach einer betrieblichen Schwachstellenanalyse von seiten der Unternehmensplanung eine Zielgewichtung vorgenommen werden. Die Produktion muß dann Schritte einleiten, um die hierzu erforderlichen Vorgaben zu erreichen.
Neben der Steigerung der Kapitalrentabilität existieren weitere Ziele, von denen im folgenden das Ziel "Flexibilität" näher betrachtet wird.

3.2.2. Vorgaben zur Erhöhung der Flexibilität

Die Flexibilität von Produktionssystemen ist in jüngster Zeit zu einem wichtigen Ziel bei der Gestaltung neuer Konzeptionen geworden. Flexibilität, als die Anpassungsfähigkeit eines Systems an Veränderungen des Systemumfeldes verstanden, wird im Gegensatz zu vielen bisherigen Arbeiten, beispielsweise von MAIER /16/, KÖLLE /20/ und Butz /30/, hier unter dem Aspekt des Flexibilitätsnutzens gesehen.
Die Definitionen in den genannten Arbeiten beschränken sich auf die Veränderungen des Kapazitätsangebotes von Fertigungs- bzw. Montagesystemen bei sich änderndem Kapazitätsbedarf in Folge

von Störungen. Die Ausweitung des Begriffs erscheint notwendig zu sein, da die im Fertigungssystem befindlichen Anlagen und Arbeitssysteme in vielen Fällen durch P u f f e r nach allen Seiten hin gegen interne und externe Störungen abgesichert werden können. Der Nutzen einer Flexibilität, die rein auf ein Arbeitssystem bezogen ist, reicht für eine Marktorientierung nicht aus. Deshalb müssen neben den Eigenschaften des Fertigungssystems die des Lagerhaltungssystems mit berücksichtigt werden. Dieser Schritt wird unmittelbar einsichtig, wenn man sich vergegenwärtigt, daß durch eine hohe Lagerbevorratung im Fertigwarenlager die Anpassungsfähigkeit hinsichtlich Marktveränderungen gewährleistet werden kann, ohne daß ein flexibles Fertigungssystem vorhanden ist.
Um eine Quantifizierung der Flexibilität anstellen zu können, muß man auf mathematisch beschreibbare Zielkomponenten zurückgreifen, die sämtliche der folgenden Punkte umfassen /19/:

- t y p e n b e z o g e n e Flexibilität als Anpassungsfähigkeit des Produktionssystems gegenüber Änderungen im Produktmix - dies setzt eine entsprechende Anpassungsfähigkeit und Vielseitigkeit der Systeme (Fertigungssystem, Lagerhaltungssystem) voraus. Diese Definition beinhaltet kurzfristig die Umstellung des Produktionsprogramms, mittel- und langfristig die Erweiterung des Produktspektrums entsprechend dem Verhalten des Marktes.

- a u s b r i n g u n g s m e n g e n b e z o g e n e Flexibilität, als Anpassungsfähigkeit an unterschiedlich hohe Absatzmengen und interne Störungen der Produktionsausbringung - diese ist beispielsweise durch eine aktive Lagerhaltungspolitik oder entsprechende Beschaffungs- und Fertigungssysteme erreichbar.

- f l e x i b l e Planung als Vermögen, Pläne für zukünftige Perioden rasch den Veränderungen während der laufenden Periode unter der Zielsetzung anzupassen:
  - Marktschwankungen so auszugleichen, daß ein möglichst kontinuierlicher Fertigungsprozeß erhalten bleibt,
  - Dispositionsspielräume in die Planung so einzubeziehen, daß jederzeit eine Anpassung an Marktschwankungen erlaubt wird.

Unter diesem Gesichtspunkt ist die Flexibilität eine m e n -

g e n- und z e i t b e z o g e n e Zielgröße der Funktion

$$\text{Flexibilität (F)} = f\left(\frac{\text{Abweichungen des Lieferbereitschaftsgrades (LBG)}}{\text{Reaktionszeit } (\Delta t)}\right)$$

$$= \frac{\Delta LBG}{\Delta t} \cdot \frac{1}{100}\left[\frac{1}{ZE}\right]$$

F...Flexibilität

Δ LBG...Lieferbereitschaftsgradabweichungen

$1 < \Delta t < \infty$; $0\% < \Delta LBG \leq 100\%$; $0 \leq F \leq 1$ Δ t...Reaktionszeit ZE

Diese Definition drückt die Anpassungsgeschwindigkeit des Produktionssystems an Differenzen im Lieferbereitschaftsgrad aus:

$$F = \frac{LBG_S - LBG_I}{\Delta t}$$

Der mengenbezogene Lieferbereitschaftsgrad bezieht sich nach der von ÖRTLI /20/ vorgeschlagenen Definition auf die Höhe der Wahrscheinlichkeit, daß Fehlmengen oder Überbestände auftreten, und läßt sich beschreiben als

$$LBG_I = \int_{BB}^{\infty} (z - BB)\ f\ (z)\ dz$$

BB...Programmstückzahl

wobei für die Verteilung des zufälligen Bedarfs "z" eine Normalverteilung angenommen wird, deren Erwartungswert und Varianz nach /32/ durch den Mittelwert $\bar{a}$ und die Steuerung S der Absatzwerte geschätzt wird, so daß

$$f\ (z) = \frac{1}{S\sqrt{2\pi}}\ e^{-\frac{(z-\bar{a})^2}{2\,S^2}}$$

S...Streuung der Absatzzahlen

$\bar{a}$...Mittelwert der Absatzzahlen

nach Substitution von z entsprechend OLIVIER /21/ ergibt sich:

$$LBG = S\ \left(\frac{1}{\sqrt{2\pi}}\ e^{-\frac{(BB-\bar{a})^2}{2\,S^2}} - (\bar{a}-BB)\ \frac{1}{\sqrt{2\pi}} \int_{\frac{BB-\bar{a}}{S}}^{\infty} e^{-\frac{t^2}{2}}\ dt\right.$$

wobei $t = \dfrac{z-\bar{a}}{S}$.

Setzt man $K = \frac{BB - \bar{a}}{S}$, so erhält man mit

$$LBG = S \left(\frac{1}{\sqrt{2\pi}} e^{-\frac{K^2}{2}} - \frac{1}{\sqrt{2\pi}} K \int_K^{\infty} e^{-\frac{t^2}{2}} dt \right)$$

einen Ausdruck, der bei festem S nur von K abhängt, so daß sich schreiben läßt: $LBG = \frac{1}{BB} \cdot S \cdot A(K)$

A (K) ist in der Literatur /33/ tabelliert.

Demnach kann der Ist-Lieferbereitschaftsgrad relativ einfach aus der Verteilung der Absatzzahlen und der Programmstückzahl für eine Periode ermittelt werden. Der Soll-Lieferbereitschaftsgrad wird von der Unternehmensleitung vorgegeben und ist konstant.

Die Differenzen im L i e f e r b e r e i t s c h a f t s g r a d ΔLBG können einerseits durch interne Störungen eines Systems hinsichtlich Personal-, Maschinenkapazitätsschwankungen und mangelnder Materialverfügbarkeit, andererseits durch externe Störungen wie starke Schwankungen des Absatzverlaufs, vorgezogene Termine usw. verursacht werden.

Die R e a k t i o n s z e i t Δt hängt maßgeblich von der Art des Material- und Fertigungsbewirtschaftungssystems ab und bezieht sich auf Zeitanteile der Lieferzeit, wie Wiederbeschaffungszeit von Zulieferteilen und -material, und die administrativen und produktiven Bearbeitungs-, Prüf- und Lagerzeiten.

Die genannten Ziele "Kapitalrentabilität" und "Flexibilität" werden innerhalb von Zielsystemen der Produktion in Einzelziele überführt. Um diese Betrachtung ganzheitlich durchzuführen, wurde das Produktionssystem in die Bereiche Fertigungs-, Lagerhaltungs- und Produktionsplanungs- und Steuerungssystem unterteilt.

Die nachfolgende quantitative, operationale Betrachtung von Zielen des Produktionssystems beschreibt die Ziele des Fertigungs- und Lagerhaltungssystems sowie die Wirkungszusammenhänge der Produktionsplanung und -steuerung zu diesen Systemen. Die Ziele der Produktionsplanung und -steuerung selbst werden nur qualitativ mitbetrachtet.

3.3 Zielsysteme der Produktion

3.3.1 Zielsystem der Fertigung

Im Fertigungssystem können Einzelziele von der Produktionsplanung und -steuerung oder vom Fertigungssystem beeinflußt werden. In Bild 6 sind die Zielkomponenten des Zielkreises "Produktivität" aufgeführt. Ein wesentliches Ziel darin ist die Minimierung der Herstellkosten, was einerseits auf die Gesamtkosten, andererseits direkt auf die Kapitalbindungskosten (Vorratsvermögen) positive Auswirkungen hat.

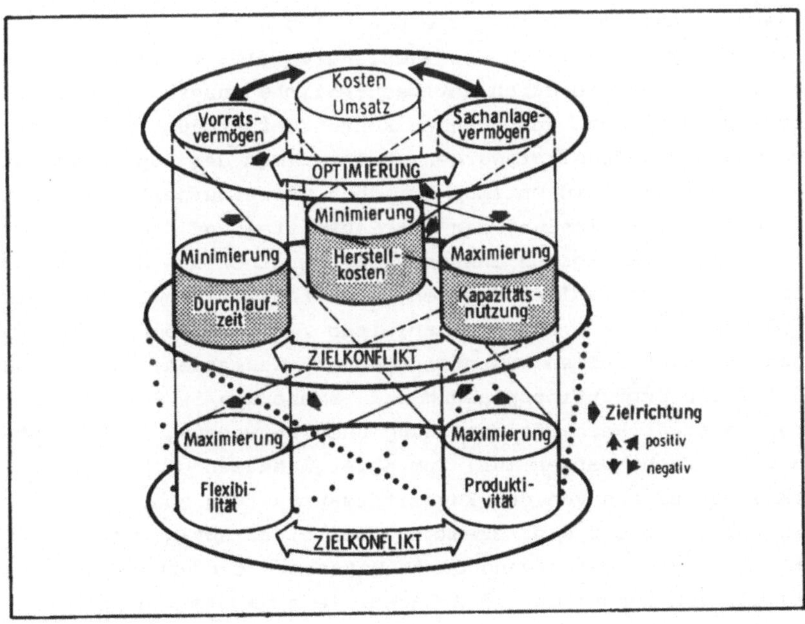

Bild 4: Optimierung der Kapitalrentabilität innerhalb des Zielsystems der Fertigung

Ebenfalls vorteilhaft auf das Vorratsvermögen wirkt sich die Reduzierung der Durchlaufzeit aus. Im Zielkonflikt mit diesen Zielen steht die Maximierung der Kapazitätsauslastung (Ablaufplanungdilemma), die wiederum positiven Einfluß auf die Minimierung der Herstellkosten hat. Möchte man innerhalb des Zielkreises "Produktivität" eine Optimierung herbeiführen, so wird die Einführung einer Kennzahl erforderlich, welche die funktionalen Zusammenhänge der Zielkomponenten subsummiert.

In Bild 5 ist die Herleitung der Kennzahl "Kostenrentabilitätsgrad" als Beschreibung für die Produktivität eines Fertigungssystems aufgezeigt. Diese Zieldefinition wurde in Anlehnung an ein von COLDING /22/ entwickeltes Kostenmodell aufgestellt und ist jeweils auf ein abgeschlossenes Arbeitssystem zu beziehen. Wesen dieser Zielbetrachtung ist es, daß die durch unterschiedliche Ausprägung des Ablaufplanungsdilemmas enstehenden Kosten der Produktivitätsbetrachtung zugrundegelegt werden. Das Maximum des Kostenrentabilitätsgrades gibt ein Optimum zwischen Durchlaufzeit, Leerzeiten bzw. Kapazitätsauslastung der Betriebsmittel und den Gesamtkosten an. Die Gesamtkosten lassen sich zum einen aus den von der Ausbringungsstückzahl abhängigen, also kapazitätsnutzungsbedingten Gemeinkosten ableiten /23/. Diese sind bei kurzen Durchlaufzeiten wesentlich höher anzusetzen, da mehr Aufwand für die Produktionsplanung und -steuerung in Form von "Terminjägern", Reihenfolgeplanung und Überwachungsinstrumentarien aufgebracht werden muß. Zum anderen setzen sich die Gesamtkosten aus den von der Kapazitätsauslastung abhängigen Einzelkosten zusammen. Bei einer Auslastung um 100% ergibt sich ein Mehraufwand durch Maßnahmen zur erhöhten Funktionsfähigkeit von Maschinen und Anlagen wie etwa besserer Steuerung, teuerer Maschinen, verstärkter Instandhaltungsaktivitäten u.a. Hinzu kommen weitere Kostenarten wie Kosten ungenutzter Kapazität für Personal und Betriebsmittel, Kapitalbindungskosten für Werkstatt- und Zwischenlagerbestände, sowie Kosten, die aufgrund des Verlustes an Umsatz bei reduzierter Ausbringungsrate entstehen. Zur Bewertung der letztgenannten Kosten wird von einem konstanten Umsatz

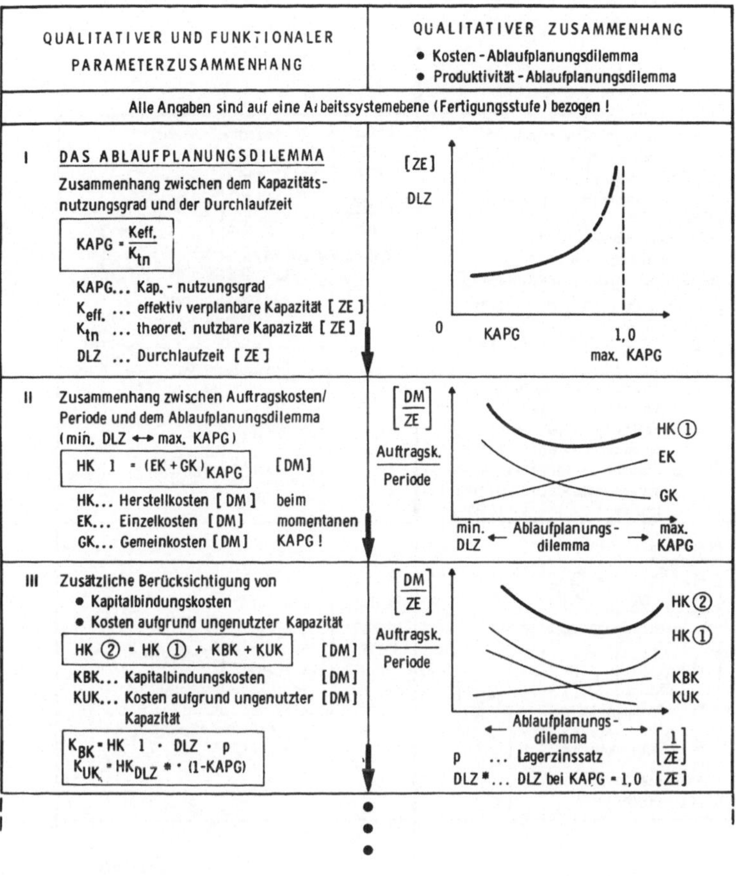
QUALITATIVER UND FUNKTIONALER PARAMETERZUSAMMENHANG
QUALITATIVER ZUSAMMENHANG
• Kosten - Ablaufplanungsdilemma
• Produktivität - Ablaufplanungsdilemma
Alle Angaben sind auf eine Arbeitssystemebene (Fertigungsstufe) bezogen !
I DAS ABLAUFPLANUNGSDILEMMA
Zusammenhang zwischen dem Kapazitätsnutzungsgrad und der Durchlaufzeit
KAPG = Keff. / Ktn
KAPG... Kap. - nutzungsgrad
Keff. ... effektiv verplanbare Kapazität [ZE]
Ktn ... theoret. nutzbare Kapazität [ZE]
DLZ ... Durchlaufzeit [ZE]
[ZE]
DLZ
0
KAPG
1,0
max. KAPG
II Zusammenhang zwischen Auftragskosten/Periode und dem Ablaufplanungsdilemma
(min. DLZ ↔ max. KAPG)
HK 1 = (EK + GK)KAPG [DM]
HK... Herstellkosten [DM]
EK... Einzelkosten [DM]
GK... Gemeinkosten [DM]
beim momentanen KAPG !
[DM/ZE]
Auftragsk. / Periode
HK①
EK
GK
min. DLZ
Ablaufplanungs-dilemma
max. KAPG
III Zusätzliche Berücksichtigung von
• Kapitalbindungskosten
• Kosten aufgrund ungenutzter Kapazität
HK ② = HK ① + KBK + KUK [DM]
KBK... Kapitalbindungskosten [DM]
KUK... Kosten aufgrund ungenutzter Kapazität [DM]
KBK = HK 1 · DLZ · p
KUK = HKDLZ* · (1-KAPG)
[DM/ZE]
Auftragsk. / Periode
HK②
HK①
KBK
KUK
Ablaufplanungs-dilemma
[1/ZE]
p ... Lagerzinssatz
DLZ*... DLZ bei KAPG = 1,0 [ZE]

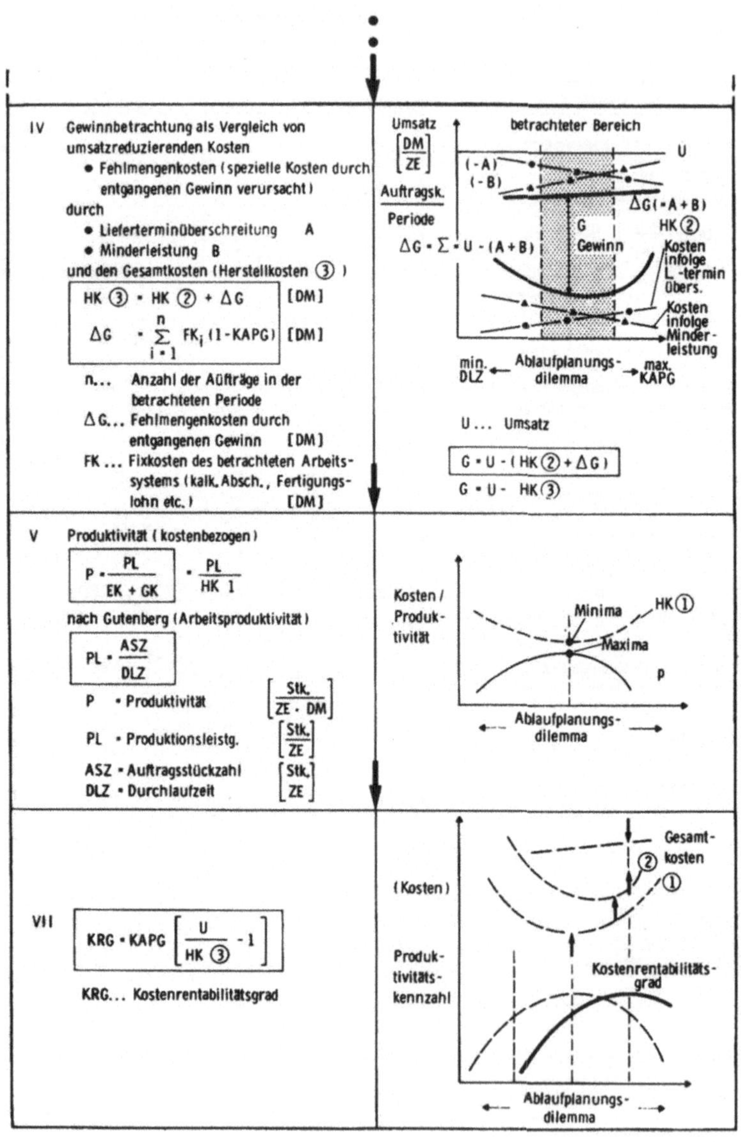

Bild 5: Herleitung eines Kostenmodells für das Fertigungssystem

ausgegangen. Die Umsatzverluste werden demnach nicht bei "variablem" Umsatz, sondern als Kosten, die vom Umsatz abgezogen werden,behandelt.

Insgesamt wird die Produktivitätsoptimierung mit dem betrachteten Zielmodell an einem konkreten Fall nur mit Hilfe der Simulation befriedigend gelöst werden können. So ist beispielsweise vorstellbar, daß aufgrund einer neuen Methode für die Produktionsplanung sowohl Gemeinkosten für diesen Bereich als auch aufgrund veränderter Wirkungszusammenhänge Einzelkosten im Fertigungssystem gesenkt werden können. Insbesondere die Festlegung des optimalen Kapazitätsüberhangs (tolerierte Minder-Kapazitätsauslastung) hängt von mehreren Parametern ab. So zeigte beispielsweise STRECK /23/, daß die Anzahl der Aufträge pro Zeiteinheit ein wesentliches Kriterium für diese Festlegeung ist, wobei für die Sortenfertigung der optimale Kapazitätsüberhang bei ca. 15-25% liegen dürfte.

Der Zielkreis "Flexibilität" bezieht sich auf die in 3.2.2 formulierte Definition. Die Reduzierung der Fertigungsdurchlaufzeit wird insgesamt die Reaktionszeit am Markt verkürzen und damit die Flexibilität positiv beeinflussen. Da eine hohe Kapazitätsauslastung zu großen Losgrößen führt, und insbesondere bei einer kontinuierlichen Fertigung ihr Maximum erreicht, wirkt sich das Ablaufplanungsdilemma auf eine "wirtschaftliche"Flexibilität in umgekehrter Weise aus, als auf die Produktivität. Die Zielgewichtung zwischen Flexibilität und Produktivität hängt wiederum von mehreren technischen und organisatorischen Parametern ab und muß im Einzelfall festgelegt werden.

3.3.2 Zielsystem der Lagerhaltung

Die Ziele der Lagerhaltung lassen sich durch die Zielkreise "Kapitalbindung" und "Flexibilität" beschreiben.

Für den erstgenannten Zielkreis sind die Einzelziele L i e f e r b e r e i t s c h a f t s g r a d und L i e g e z e i t sowie die Lagerhaltungskosten von Bedeutung (Bild 6). Die Minimierung der Liegezeit steht in direktem Zusammenhang zur Senkung der Lagerbestände bei konstanter Verbrauchsgeschwindigkeit.

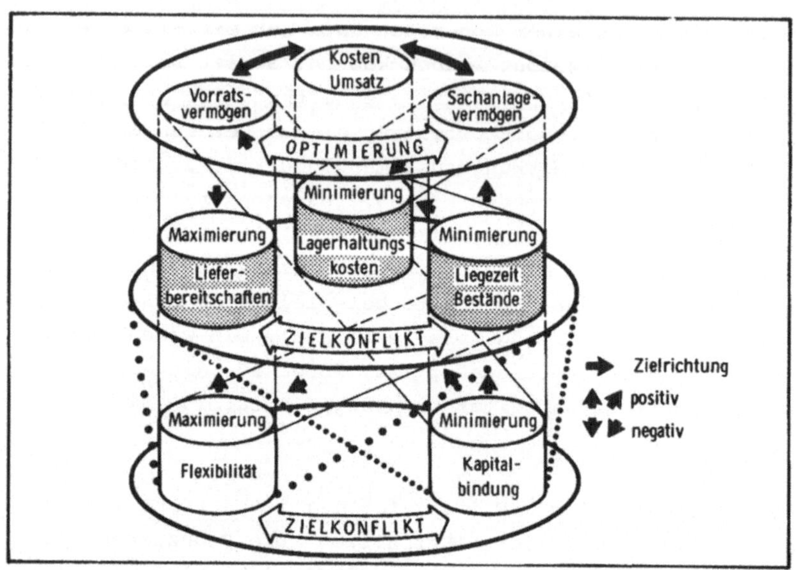

Bild 6: Optimierung der Kapitalrentabilität innerhalb des Zielsystems der Lagerhaltung

Betrachtet man den Ablauf eines gesamten Auftrages, so kann anstelle des Begriffs Liegezeit auch die Durchlaufzeit für die folgenden Betrachtungen herangezogen werden /24/. In einem Zielkonflikt zur Verminderung der Durchlaufzeit steht die Maximierung der Lieferbereitschaft, die bereits in 3.2.2 definiert wurde. Die Lagerhaltungskosten werden von den Parametern Lieferbereitschaftsgrad, der die B e s t a n d s h ö h e bestimmt, dem W e r t d e r T e i l e pro Fertigungsstufe und dem L a g e r h a l t u n g s z i n s s a t z bestimmt (Bild 7). Die Reduzierung von Lagerkosten kann zur Erhöhung der Kapitalrentabilität in gleichem Maße wie die Reduzierung des Anlagevermögens, das beispielsweise in Lagereinrichtungen gebunden ist, führen. Zum operationalen Vergleich werden die Kennzahlen Kapitalumschlagshäufigkeit im Lager und Kapitalbindungskosten-

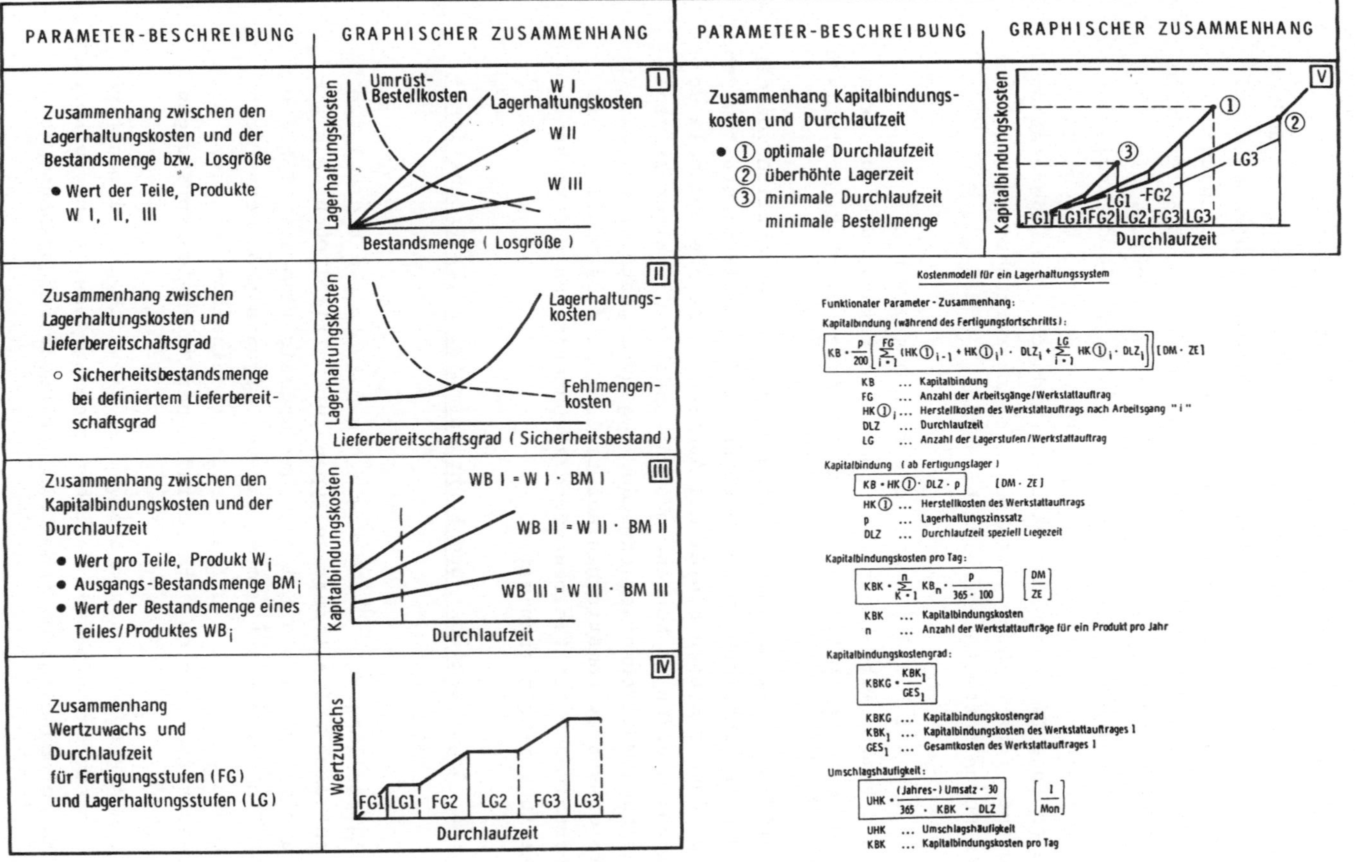

Bild 7: Herleitung eines Kostenmodells für das Lagerhaltungssystem

grad gebildet.
Der K a p i t a l b i n d u n g s k o s t e n g r a d drückt das Verhältnis zwischen anfallenden Kapitalbindungskosten und den Herstellkosten aus und nimmt mit wachsender Durchlaufzeit zu. Im allgemeinen liegt der Wert zwischen 0 und 0,5. Im Falle von Lagerhütern kann er sogar Werte über 1 annehmen. Die U m s c h l a g s h ä u f i g k e i t drückt die Geschwindigkeit aus, mit der sich das am Lager gebundene Kapital umschlägt. Eine geringe Umschlagshäufigkeit kann durch hohe Lagerbestände aufgrund eines zu hoch gewählten Lieferbereitschaftsgrades oder hohen Durchlaufzeiten verursacht werden.

Die F l e x i b i l i t ä t d e s L a g e r h a l t u n g s s y s t e m s wird durch eine hohe Bevorratung, die zur Erhaltung eines hohen Lieferbereitschaftsgrades beiträgt, beeinflußt.

Die Erfüllung der genannten Ziele hängt ganz wesentlich von der Art der betrieblichen Organisations- und Funktionsgestaltung ab. Um für den konkreten Einzelfall Aussagen über die optimale Gestaltung treffen zu können, müssen zunächst die alternativen Gestaltungsmöglichkeiten einander gegenübergestellt werden. Mit Hilfe dieser systematischen Aufstellung wird es möglich, die Alternativen einer Zielbewertung zu unterziehen und konkrete Gestaltungsregeln abzuleiten.

3.4 Organisations- und Funktionsmodelle des Produktionssystems

Die Aufstellung von O r g a n i s a t i o n s m o d e l l e n bezieht sich auf alternative Typen zur betrieblichen A u f b a u o r g a n i s a t i o n, der Organisation des I n f o r m a t i o n s s y s t e m s und der Organisation des F e r t i g u n g s a b l a u f s. Jeder Organisationstyp setzt sich aus einer Kombination unterschiedlicher Merkmalsausprägungen zusammen.
Die F u n k t i o n s m o d e l l e, die sich aus alternativen Funktionstypen aufbauen, beziehen sich einerseits auf Funktionen der Ablauforganisation innerhalb der Produktionsplanung und

-steuerung wie:

- Produktions-Absatz-Bewirtschaftung,
- Mengenbewirtschaftung,
- Kapazitäts-,Terminbewirtschaftung,
- Werkstattsteuerung.

andererseits auf Funktionen der Fertigung, wie:

- Montage,
- Teilefertigung,
- Materialbereitstellungs-, Lagerbewirtschaftung.

Die Darstellung und Beschreibung der Organisations- und Funktionsmodelle ist Anhang 1 zu entnehmen.
Im folgenden werden die alternativen Typen hinsichtlich ihrer Auswirkung auf Ziele innerhalb der oben definierten Zielsysteme beschrieben.

3.5 Zielbetrachtung alternativer Typen von Organisations- und Funktionsmodellen

Für die oben aufgeführten Typen wird in diesem Abschnitt eine normative Zielbetrachtung angestellt. Um eine ganzheitliche Zielbetrachtung, auch über die in Abschnitt 3.2 und 3.3 definierten Ziele hinaus,anzustellen, wurden weitere Ziele aufgenommen. Diese beziehen sich auf spezifische Ziele des Produktionsplanungs-und -steuerungs-Bereiches selbst und sind die:

- Erhöhung der Planungssicherheit,
- Verminderung des Planungsaufwandes,
- Erhöhung der Auskunftsbereitschaft.

Zusätzlich wurde zur Beurteilung von Zielen der Arbeitsorganisation die Ausprägung des Zieles "Bereitstellung von Dispositions- und Handlungsspielräumen" innerhalb eines Organisationsmodells untersucht.
Die Bild 8 zugrundeliegende qualitative Bewertung unterscheidet zwischen geringem/starkem, negativem/positivem Einfluß eines Organisations- oder Funktionstyps auf die einzelnen Ziele. Bei der praktischen Anwendung des Instrumentariums wird in Abhängigkeit der Zielprioritäten die Auswahl möglicher Gestaltungsregeln innerhalb der einzelnen

		FERTIGUNGS-SYSTEM: Durchlaufzeitverkürzung	FERTIGUNGS-SYSTEM: Erhöhung der Kapazitätsbelastung	FERTIGUNGS-SYSTEM: Herstellkosten Senkung: Einzelkosten	FERTIGUNGS-SYSTEM: Herstellkosten Senkung: Gemeinkosten	LAGERHALTUNGS-SYSTEM: Durchlauf-, Liegezeitverkürzung	LAGERHALTUNGS-SYSTEM: Erhöhung des Lieferbereitschaftsgrades	LAGERHALTUNGS-SYSTEM: Lager- u. Transportkosten Senkung: direkte	LAGERHALTUNGS-SYSTEM: Lager- u. Transportkosten Senkung: indirekte	Flexibilitätserhöhung	Erweiterung des Dispositions- u. Handlungsspielraums	PRODUKTIONS-PLANUNGS STEUERUNGS-SYSTEM: Erhöhung der Planungssicherheit	PRODUKTIONS-PLANUNGS STEUERUNGS-SYSTEM: Verminderung des Planungsaufwands	PRODUKTIONS-PLANUNGS STEUERUNGS-SYSTEM: Erhöhung der Auskunftsbereitschaft
AUFBAU-ORGANISATION	ABO 1											+	+	+
	ABO 2				−					−	−	+		−
	ABO 3				−				−	+	−	−	−	+
	ABO 4								−	−	−	−	⊖	−
	ABO 5				+					+	+	+		+
	ABO 6				+				+	⊕	⊕	+		+
INFORMATIONS-SYSTEM	INFO 1				−				−		+	⊖	−	⊖
	INFO 2												+	+
	INFO 3				+				+				+	+
	INFO 4				+				+	+		⊕		⊕
	INFO 5									+	+	⊕	−	⊕
	INFO 6				−				−	⊕	+	⊕	−	⊕
PRODUKTION-ABSATZ	PRA 1	+	⊕	⊕	+	−	⊖	⊖		⊖		+	+	
	PRA 2		⊖	−	⊖	+	⊕	⊕	+		−	−	−	
	PRA 3	+	+	+		−	+	−	−	⊕		+		
	PRA 4	+	+		−		+	+	−	⊕	−	+	−	
	PRA 5		−	−		−	+					−		
MENGENBEWIRT-SCHAFTUNG	MEB 1	⊖	−	−	−	+	+	⊕		+		−	⊖	
	MEB 2	−		+	+	−	−	−		⊖		+	+	
	MEB 3		+	+		−	−	−		⊖		⊕	⊕	
	MEB 4		+	+		⊖	+	⊖		+		+		
	MEB 5	+	+	⊕		+	+			+		−	−	
	MEB 6	+	−		−	+	+	+		+		+	⊖	
KAPAZITÄTS-BEWIRTSCHAFTUNG	KTB 1			+		+	−	+		−		+	−	
	KTB 2			+		+	−	+		−		+	−	
	KTB 3		+	−		−	+	−		⊕			+	
	KTB 4	−	+	−	−	−	+	−		+		−		−
	KTB 5	+	+	+	−	−	−	−		+		+	⊖	
	KTB 6	+		+		−		−		+			+	
	KTB 7		+	−	−		+			+		−	−	
FERTIGUNGS-ABLAUF	FA 1	⊕	−	−	+	+	+	−		+			+	+
	FA 2	⊕	−	−		+							+	+
	FA 3	+	−	+	+	+	+			+			+	+
	FA 4	−	+	−	⊕	+		+		−		−	⊖	⊖
	FA 5	⊖	+		+	+	−	+		−		+	⊖	⊖
MONTAGE-SYSTEM	MO 1	+	⊕	⊕	−			−		−	−	+	+	
	MO 2	+	+	+				−		−			+	
	MO 3	+	+	+	+			−		−	+		+	
	MO 4		−		−			+		+	+			
	MO 5		−	⊖	−			+		⊕	⊕	+	−	+
	MO 6		+	−	−			+		⊕	⊕	+	−	+
	MO 7		+	−				−				+	+	+
	MO 8	+			⊖			⊕		⊕	⊕		⊖	−
	MO 9	+		⊖				⊕		⊕	⊕		⊖	−
TEILEFERTIGUNGS-SYSTEM	TF 1	−	⊕		−			−			+	−	−	−
	TF 2	−	⊕	+	−			−			+	−	−	−
	TF 3	+						−		−	−	⊕	⊕	+
	TF 4	⊕		⊕	+			−		⊖	⊖	⊕	⊕	+
	TF 5	+	−	+	+			+		⊕	⊕	+	+	+
	TF 6	+	−	⊕	+			+		⊕	⊕	+	+	+
	TF 7	+	−	⊕	⊖			+		+	−	+	⊖	⊕
MATERIAL-BEREIT-STELLUNGS-SYSTEM	MB 1				−		−		⊖	−		+	−	+
	MB 2				−				+	⊕	+		⊖	
	MB 3				⊕		+		⊕	+	+	+	+	−
	MB 4				+				+	+	⊕	−	⊕	−

+ positiver Zielbeitrag
− negativer Zielbeitrag
⊕ hoher positiver Zielbeitrag
⊖ hoher negativer Zielbeitrag

Bild 8:
Zielbetrachtung von Organisations- und Funktionsmodellen

Modelle ausfallen.

Mit der in Bild 8 angestellten Zielbewertung von Organisations- und Funktionsmodellen wird der Unternehmensplanung ein Instrumentarium zur Verfügung gestellt, das den Vorteil eröffnet, für eine Neugestaltung des Produktionssystems nicht nur Unternehmensziele vorzugeben, sondern zusammen mit Mitarbeitern der Produktion konkrete Gestaltungsregeln in Abhängigkeit der gewählten Ziele abzuleiten. Damit wird die Einleitung und letzlich auch die Durchsetzung von Gestaltungsmaßnahmen zu einem integrierten Produktionssystem wesentlich begünstigt.
Da innerhalb dieser Groborientierung die spezifischen Eigenschaften des Produktionssystems n i c h t betrachtet wurden, sondern vielmehr davon losgelöst nur in Abhängigkeit der Unternehmensziele vorgegangen wurde, muß im nächsten Schritt zur Gestaltung eines Produktionssystems eine Untersuchung der bestehenden Strukturen angestellt werden.

4 ENTWICKLUNG UND ERWEITERUNG VON VERFAHREN ZUR STRUKTURDIFFERENZIERUNG

4.1 Grundlagen der Strukturdifferenzierung

Die Problemstellung der Strukturdifferenzierung bei Sortenfertigung stellt sich dergestalt dar, daß mit zunehmendem Detaillierungsgrad einerseits die Menge möglicher Strukturen beträchtlich anwächst, andererseits sich die Eigenschaften des Fertigungsprozesses rasch ändern. Sie führt zu einer hohen Kompliziertheit der zu untersuchenden Systeme.
Um diese gravierenden Nachteile sowohl bei der Gestaltung des Produktionssystemes als auch bei der Planungsdurchführung selbst zu umgehen, muß auf r e p r ä s e n t a t i v e Strukturen, im folgenden Strukturmodelle genannt, ausgewichen werden. Da die Strukturmodelle mit Hilfe der Strukturdifferenzierung gestaltet werden, wird im folgenden deren Vorgehensweise erläutert.

Zur Strukturdifferenzierung wird in der Weise vorgegangen, daß zunächst wichtige Strukturen bzw. Beziehungen des Fertigungsprozesses ausgewählt und hinsichtlich ihrer Eigenschaften anhand von e i g e n s c h a f t s b e s c h r e i b e n d e n M e r k m a l e n untersucht werden (Bild 9).
Danach werden solche Strukturen zu S t r u k t u r k l a s s e n zusammengefaßt, die über ähnliche Eigenschaften verfügen. Auf Basis dieser Strukturklassen werden für den konkreten Einsatzfall s t a n d a r d i s i e r t e S t r u k t u r m o d e l l e entwickelt, die als Bausteine zur Strukturintegration dienen. Die Standardisierung trägt zur Vereinfachung und Reduzierung von Strukturen (nur sinnvolle Kombinationen) und im konkreten Einsatzfall zur Gestaltung von Subsystemen der Fertigung bei, die sich auf ein abgegrenztes Spektrum von Strukturen beziehen. Damit wird einerseits ein Beitrag zu einer differenzierten Methodenentwicklung, andererseits zum Realitätszuwachs eines Planungsmodells geleistet.
Im allgemeinen wird bei der Strukturdifferenzierung auf bestehende Strukturen zurückgegriffen, d. h. der betriebliche Ist-Zustand bezüglich der ausgewählten Merkmale untersucht.

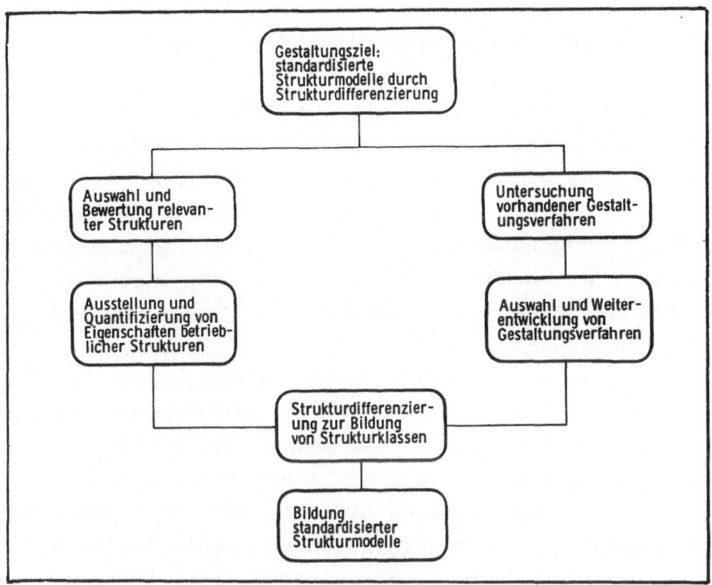

Bild 9: Elemente der Strukturdifferenzierung zur Entwicklung von standardisierten Strukturmodellen

Da in der Sortenfertigung die Vielfalt der Strukturen im allgemeinen sehr hoch ist, müssen Gestaltungsverfahren zur Strukturdifferenzierung entwickelt und eingesetzt werden, die eine Klassenbildung mit vertretbarem Aufwand ermöglichen.

4.2 Auswahl und Entwicklung von Verfahren zur Strukturdifferenzierung

Der Einsatz von Verfahren, die zur Strukturdifferenzierung eingesetzt werden, muß folgende Anforderungen berücksichtigen:

- rationelle Verarbeitung von großen Merkmalsmengen möglichst mit EDV,
- einfache Datenerhebung und -bereitstellung,
- objektive und eindeutig nachvollziehbare Strukturierung,
- Übertragbarkeit, Einsetzbarkeit und Pflege mit geringem Aufwand,
- für unterschiedliche Anwendungsbereiche ohne hohen zusätzlichen Anpassungsaufwand einsetzbar.

Um die genannten Anforderungen möglichst ganzheitlich erfüllen zu können, erscheint der Übergang von nominalen Verfahren, die als Basis Klassifizierungssysteme verwenden, zu metrischen Verfahren ein sinnvoller Weg zu sein.

Die graphentheoretischen Verfahren gehen davon aus, daß die Beziehung zwischen zwei Elementen A und B durch eine die Punkte A und B verbindende Kante eines Graphen wiedergegeben oder in einer systematischen Beziehungsmatrix durch Zuweisung von Ziffern "1" bzw. "0" festgehalten werden. Durch die Darstellung von Netzwerken wird die Verwandtschaft zwischen Elementen sichtbar. Die Verwendung der nur zweiwertigen Nominalskala und deren einfache Erfaßbarkeit begründen den Vorteil dieser Verfahren. Nachteile liegen in der mangelnden Eindeutigkeit, der sehr groben Quantifizierung von Beziehungen und der Schwierigkeit bei der Erkennung von ähnlichen Strukturen. Innerhalb der Gruppe der statistischen Verfahren beschränken sich die uni- und bivariaten Verfahren auf die Ermittlung von Häufigkeiten und zweiseitigen Beziehungsrelationen (Kreuztabellen). Die multivariaten Verfahren, von denen insbesondere die Clusteranalyse /25/ angewandt wird, bilden Gruppen bzw. Klassen von Zusammenhängen innerhalb der gesamten Datenmatrix zwischen Objekten und Variablen. Eine Gruppierung von ähnlichen Zusammenhängen kann die Struktur der Objekt- oder Variablenmenge vereinfacht darstellen und die Vielfalt der Erscheinungsformen auf ein überschaubares Maß reduzieren. Im Rahmen dieser Verfahrensentwicklung werden EDV-Programme für die Anwendung der Clusteranalyse erstellt.

4.3 Strukturdifferenzierung mit Verfahren der Clusteranalyse

Die Problemstellung in der Clusteranalyse kann folgendermaßen formuliert werden:

Gegeben ist eine Menge von Objekten. Jedes dieser Objekte ist gekennzeichnet durch die Werte einer bestimmten Anzahl von Variablen (Merkmalen). Die Clusteranalyse soll nun die Menge der Objekte so klassifizieren, daß die zu derselben Klasse (Gruppe, Cluster) gehörenden Objekte einander möglichst ähnlich und die zu verschiedenen Klassen gehörenden Objekte möglichst unähnlich sind, das heißt, man möchte eine Gesamtmenge in kleinere homogene Gruppen aufteilen, die sich deutlich von einander unterscheiden /26/.

In der Arbeit von RABUS /27/ sind Wesen und allgemeine Vorgehens-

weise der Clusteranalyse bereits vorgestellt und zur einschlägigen Literatur zahlreiche Hinweise gegeben worden. Deshalb sollen im folgenden nur diejenigen Verfahren erörtert werden, die spezielle Eigenschaften berücksichtigen und im hier entwickelten Programm CLUSTUS enthalten sind.
Die Bildung von Gruppen ähnlicher Objekte setzt in aller Regel voraus, daß es möglich ist, die Ähnlichkeit oder Unähnlichkeit oder Distanz von Objekten zu messen.
Die Wahl von Verfahren und Ähnlichkeitsmaßen hängt in erster Linie von der Skalierung der Variablen ab. Da hier vor allem nominalskalierte bzw. binär-skalierte (0,1) und nur bedingt metrische Variablen zur Anwendung kommen, wird die Menge vorhandener Verfahren eingeschränkt.

Im Spezialfall binärer Variablen können die Werte 0 oder 1 angenommen werden. Daraus ergeben sich 4 mögliche Kombinationen (1-1, 1-0, 0-1, 0-0) für zwei Elemente e_i und e_j.
Die Ähnlichkeitsfunktionen sind so zu konstruieren, daß die Übereinstimmung in gemeinsam vorhandenen Merkmalen (1-1;a) oder Nicht-Übereinstimmung (1-0;b / 0-1;c) oder gemeinsam fehlenden Eigenschaften (0-0;d) gewichtet und bewertet wird.
Für das Programm CLUSTUS wurde ein von ROGERS/TANIMOTO entwickelter Ähnlichkeitskoeffizient gewählt /28/:

$$s_{ij} = (a + d)/((a + d) + 2\ (b + c)) \qquad 0 \leq s_{ij} \leq 1$$

Hierin wird die Ähnlichkeit zweier Objekte gemessen als Quotient aus der Anzahl der bei beiden Objekten gemeinsam vorhandenen Merkmale und der Gesamtzahl der bei beiden Objekten überhaupt auftretenden Merkmale. Dies ist bei Binärdaten besonders sinnvoll, da die bei zwei beliebigen Objekten nicht vorhandenen Merkmale (0-0) überhaupt nicht eingehen.
Da das am häufigsten eingesetzte Distanzmaß bei metrisch-skalierten Merkmalen, der Euklidische Abstand, unkorrelierte Merkmale voraussetzt, werden im Programm CLUSTUS zusätzlich zwei Ähnlichkeitsmaße verwendet, die je nach Problemstellung gewählt werden können:
Der Mahalanobis - Abstand /29/ ist bei Merkmalen, die eine "natürliche Gewichtung" aufweisen, sinnvoll, während der Produkt-Moment-Korrelationskoeffizient /28/ bei stark korrelierten Merkmalen empfehlenswert ist.

Ist ein Ähnlichkeits- oder Abstandsmaß gewählt, muß über die Art des Verfahrens zur Bildung von Gruppen entschieden werden. Das entwickelte Programm enthält ausschließlich hierarchisch-agglomerative Verfahren.

Für das Programm CLUSTUS werden folgende Einzelverfahren ausgewählt:

Das Verfahren von Ward nimmt als Maß für die Ähnlichkeit den ROGERS/TANIMOTO-Koeffizient für alle Paare von Objekten und vereinigt auf jeder Stufe der hierarchischen Klassenbildung jene beiden Klassen K und L, aus deren Vereinigung der geringste Zuwachs der Fehlerquadratsumme resultiert.

Das Verfahren von SOKAL und ROHLF /30/ geht davon aus, den Grad der Verzerrung nach einer Zusammenfassung von Objekten zu Gruppen zu messen. Ein Maß hierfür ist die Produkt-Moment-Korrelation zwischen den Elementen einer Ähnlichkeitsmatrix, die jeweils auf den unterschiedlichen Hierarchiestufen gebildet wird.

Ein Grobablauf des Programms ist Bild 10 zu entnehmen; die Abläufe der Unterprogramme sind in Anhang 3 dargestellt. Das Klassifikationsergebnis setzt sich aus drei Teilen zusammen:

1. einem Stufenprotokoll, in welchem für jede Fusionsstufe angegeben wird, welche Ausprägung das Distanz- oder Klassifikationsmaß annimmt und welche kumulierten Werte bis zur jeweiligen Fusionsstufe entstanden sind.

2. einem Dendrogramm oder Stammbaumschema, das den Prozeß der Klassenbildung sowie die Hierarchie der Zusammenfassung veranschaulicht.

3. einem Struktogramm, das die Summe der Ähnlichkeits- oder Distanzmaße innerhalb der Klassen und als Funktion der Anzahl der Klassen darstellt, d.h. jede Fusion ist ein Funktionswert dieser Summenkurve. Das Strukturprogramm liefert Informationen über die Klassenstruktur, wobei gilt, daß die Krümmung der Kurve ein Maß für die Ausprägung der Klassenstruktur ist.

Mit Hilfe des genannten Programms wird es möglich, auch große Datenmengen zu verarbeiten. Da in der Betriebspraxis aufgrund komplizierter Strukturen häufig mit großen Datenmengen gearbeitet werden muß, bringt dieses Programm erst die Möglichkeit,

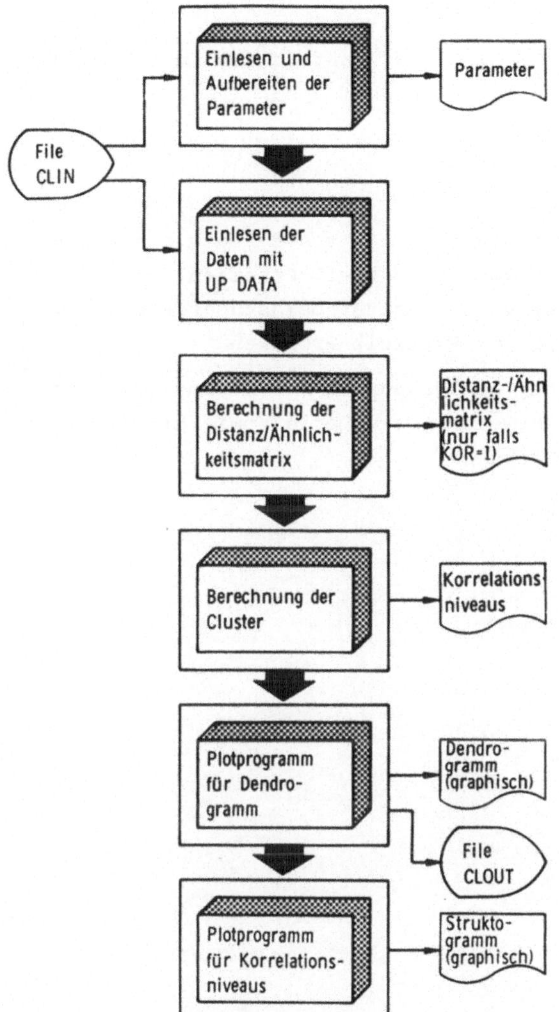

Bild 10: Grobablauf des Programms CLUSTUS

mit vertretbarem Aufwand eine Strukturdifferenzierung vorzunehmen.

Im folgenden wird die Strukturdifferenzierung am Beispiel ausgewählter Strukturen des Produktionssystems angewandt. Dazu wurden solche Strukturen ausgewählt, deren Strukturmodelle für die Gestaltung eines integrierten Produktionssystems besonders wichtig sind. Darunter fallen innerhalb der Kategorie der S a c h s t r u k t u r e n:

- Produktstruktur
- Auftragsstruktur
- Fertigungsablaufstruktur

in der Kategorie der Z e i t s t r u k t u r e n:

- Struktur von Montagezeit-Profilen
- Struktur von Kapazitätsbelastungs-Profilen
- Struktur von Rüstzeit-Profilen

Zur Entwicklung der genannten Strukturmodelle wird jeweils Ziel, Vorgehensweise, Datenbasis sowie die allgemeine Einsetzbarkeit erläutert.

5 ANWENDUNG DER STRUKTURDIFFERENZIERUNG ZUR BILDUNG VON STRUKTURMODELLEN

5.1 Produktstrukturdifferenzierung

5.1.1 Aufgaben und Ziele der Produktstrukturdifferenzierung

Der Variantenreichtum bei den Produkten der meisten Unternehmen mit Sortenfertigung hat ein großes Teilespektrum zur Folge. Eine Variantenanzahl eines Unternehmens kann sich auf mehrere hundert belaufen, was zu einigen tausend unterschiedlichen Teilen führen kann /31/. Unter P r o d u k t s t r u k t u r ist die Beschreibung der Zusammensetzung des Produktes aus Baugruppen, Einzelteilen und Rohmaterialien zu verstehen. In Bild 11 sind drei typische Produktstrukturprofile aufgezeigt.

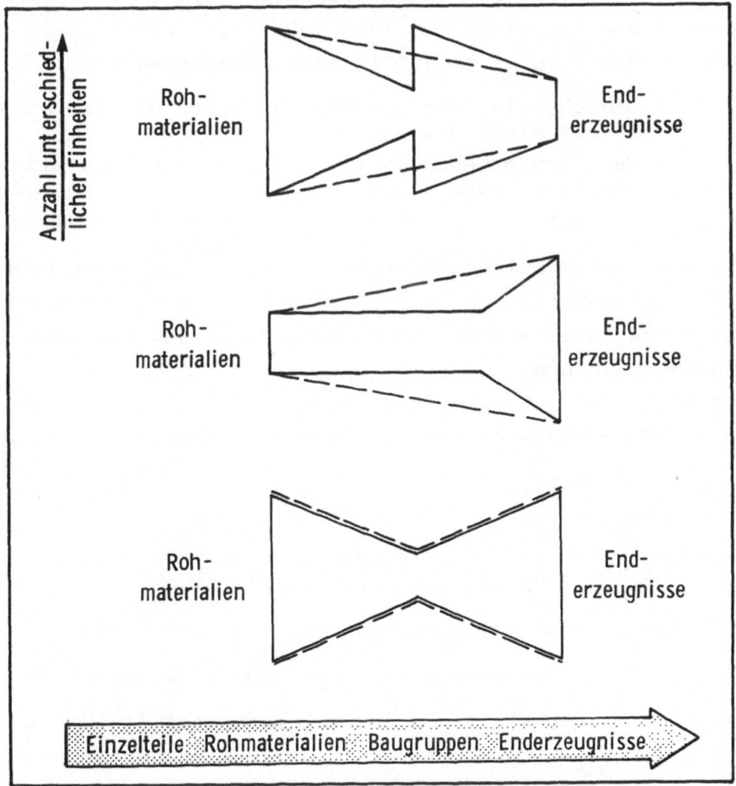

Bild 11: Typische Ausprägung unterschiedlicher Produktstrukturprofile /32/.

Profil 1 ist in solchen Unternehmen vorzufinden, die eine geringe Anzahl von Produkten aus einer relativ großen Anzahl von Einzelteilen herstellen, z.B. Turbinen. Das 2. Profil ist in solchen Unternehmen vorzufinden, die aus einer kleinen Anzahl von Rohmaterialien und Einzelteilen eine große Zahl von Endprodukten erzeugen. Profil 3, das in den meisten Betrieben der Sortenfertigung vorzufinden ist, geht von einer großen Anzahl von Einzelteilen aus, die zu wenigen Baugruppen führen. Die Kombination von Baugruppen und Einzelteilen führt zu einer hohen Anzahl von Endvarianten.

Die Produktstrukturdifferenzierung hat das Ziel, Variantengruppen und Gruppen von Einzelteilen so zu bilden, daß Varianten mit ähnlicher Zusammensetzung aus Einzelteilen und Baugruppen (Verwendbarkeit von Teilen) im Produktionssystem auch gemeinsam disponiert und hergestellt werden. Dies kann vorteilhaft durch die Trennung der Teile nach folgenden Kategorien erreicht werden:

- Gleichteile, die in alle Varianten der Variantengruppe eingehen,
- Mehrfachverwendungsteile, die in mehr als eine Variante, aber nicht in alle Varianten eingehen,
- Variantenteile, die nur in eine Variante eingehen.

Ergebnis der Produktstrukturdifferenzierung ist neben einer strukturierten Teile- und Variantenmatrix die Berechnung des Überdeckungsgrades und der Überdeckungsart, als Kennzahl für die Teileverwendung.
Der Überdeckungsgrad ist ein Maß für den Grad der Verwendung eines Teiles in einer Variantengruppe (Bild 12).

$$UEG_{ST} = \frac{TV_{ST}}{TVG_j}$$

UEG_{ST}... Überdeckungsgrad des Teils ST

TV_{ST}... Anzahl Varianten mit Teil ST

TVG_j... Gesamtzahl der Varianten / Variantengruppe j

Die Überdeckungsart beschreibt die Ähnlichkeit zwischen 2 Varianten mittels eines paarweisen Vergleichs.

Überdeckungsgrad - Matrix einer Variantengruppe

Teilenr.	1	2	3	4	5	6	UEG
4711	x	x	x	x	x	x	1,0
4712	x	x	x	x			0,66
4713			x	x	x	x	0,66
4714	x	x					0,33
4715			x				0,16
4716				x			0,16

Überdeckungsart - Matrix einer Variantengruppe

Varianten	1	2	3	4	5	6	UEA
1		1	0,6	0,6	0,3	0,3	2,8
2	1		0,6	0,6	0,3	0,3	2,8
3	0,5	0,5		0,75	0,5	0,5	2,75
4	0,5	0,5	0,75		0,5	0,5	2,75
5	0,5	0,5	1	1		1	4,0
6	0,5	0,5	1	1	1		4,0

Bild 12: Beispielhafte Darstellung zu Überdeckungsgrad UEG und Überdeckungsart UEA

Die Ähnlichkeitskoeffizienten der Überdeckungsart-Matrix der Variantengruppe j werden folgendermaßen berechnet:

$$UEA_{i,j} = AEK_{i,\,k,j}$$

UEA... Überdeckungsart der Variante

Die Variantenarten j innerhalb einer Variantengruppe werden kombiniert miteinander auf die Anzahl an Übereinstimmungen von Teilen verglichen und auf die jeweilige Referenzvariante bezogen.

$$AEK_{i,k,j} = \frac{TGV_{i,k,j}}{AT_{i,j}}$$

AEK... Ähnlichkeitskoeffizient der Variantenart i mit der Variante k in der Variantengruppe j

TGV... Anzahl der Teilegleichheit der Variante i mit der Variante k in der Variantengruppe j

AT... Gesamte Teileanzahl in der betrachteten Variante i innerhalb der Variantengruppe j

Mit Hilfe von Überdeckungsgrad und -art lassen sich aus der Produktstruktur Variantengruppen mit hoher Mehrfachverwendbarkeit von Teilen und Baugruppen herausziehen. Diese Gruppen müssen einzeln überprüft und gegebenenfalls einzelne Varianten ausgetauscht oder Variantengruppen miteinander verbunden werden. Ergebnis der Produktstrukturdifferenzierung sind Strukturmodelle, die jeweils eine homogene Varianten-Teile-Gruppe beinhalten, und als "planbare" Einheit der Disposition und anderen Bereichen bereitgestellt werden.

5.1.2 Vorgehensweise und Datenbasis

Zur Beschreibung der Einzelteile und Baugruppen dient in den meisten Unternehmen die Sach- oder Teilestammdatei, während die Zusammensetzung der Produkte aus der Erzeugnisstruktur-Datei abgeleitet werden kann /33/. Für die Produktstrukturdifferenzierung werden Teilekennzeichen der Teilestammdatei verwendet, die im wesentlichen auch in Fertigungs- und Dispositionsstücklisten enthalten sind /34/, wie Teilenummern, Teilebenennung, Fertigungsstufe, Dispositionsstufe, ABC-Kennzeichnung, Wert des Teils, Bezugsart, Eigenfertigung, Fremdbezug und Menge je Produkt. Diese Daten erlauben es, die Differenzierung jeweils nur auf die Teile und Produkte zu beziehen, die jeweils für die Problemstellung von Interesse sind. So können beispielsweise für die Teilefertigung nur Eigenfertigungsteile untersucht und Fremdbezugsteile selektiert oder bei Problemstellung zur Montage nur Teile der obersten Fertigungsstufe gewählt werden.

Der Ablauf zur Vorgehensweise der Produktstrukturdifferenzierung ist Bild 13 zu entnehmen:
Voraussetzung für die Verarbeitung ist die Abspeicherung der benötigten Information in einer Teilestamm-Datenmatrix, in der jedes Teil durch eine Zeile und jede Variante durch eine Spalte repräsentiert wird. Das Matrixelement stellt dann die Menge dar, mit der das Einzelteil in die Variante eingeht. Die dazu notwendigen Informationen sind in der Stücklistendatei enthalten und können mit einem Stücklistenauflösungsprogramm dem Matrixaufbauprogramm zur Verfügung gestellt werden. Danach wird entsprechend der jeweiligen Aufgabenstellung eine Datenselektion nach den oben genannten Teilekennzeichen durchgeführt und die Rohdatenmatrix zur Strukturierung aufbereitet (Unterprogramm INTERP).

Durch zweimalige Anwendung des Clusteranalyseverfahrens (UP CLUSTA) wird die Reihenfolge der Zeilen und die der Spalten so verändert, daß einander ähnliche Zeilen oder Spalten nahe beieinander liegen. Dabei werden einmal die Varianten als Objekte und die Teile als Variable und einmal die Teile als Objekte und die Varianten als Variable behandelt (q-,r-Technik).

Für die Clusteranalyse wird als Ähnlichkeitsmaß der ROGERS-TANIMOTO-Koeffizient und das Verfahren von WARD verwendet. Dieser Ähnlichkeitskoeffizient entspricht bei den Zeilen dem Anteil der G l e i c h v e r w e n d u n g e n, bezogen auf alle Verwendungen eines Einzelteils, und bei den Spalten dem Anteil der G l e i c h t e i l e, bezogen auf die Anzahl aller unterschiedlichen Teile zweier Varianten.
Im Anschluß an die Sortierung einer Variantengruppe nach Gleich-, Mehrfachverwendungs- und Variantenteilen wird die Ergebnismatrix ausgegeben. Die Überprüfung der Produktklassen sowie deren endgültige Abgrenzung erfolgt durch Mitarbeiter der betroffenen Fachabteilungen. Ergebnis dieser Betrachtung ist die Festlegung von standardisierten P r o d u k t s t r u k t u r m o d e l l e n, die aus Variantengruppen und der Abgrenzung von darin enthaltenen Teilen zur Gesamtproduktstruktur besteht.

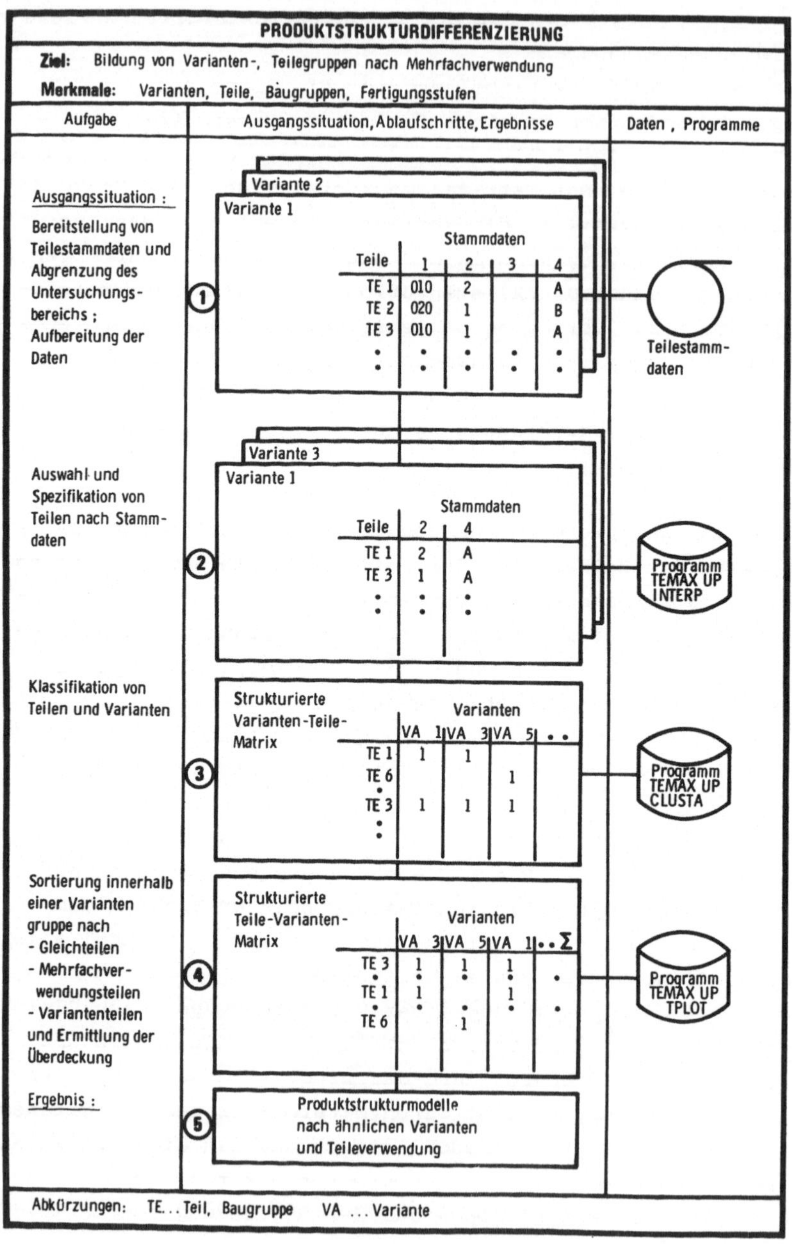

Bild 13: Vorgehensweise und Ablauf der Produktstrukturdifferenzierung

Für die Produktstruktur wurde im Rahmen der vorliegenden Arbeit das Programm TEMAX erstellt, das die Möglichkeit einer rationellen Verarbeitung umfangreicher Datenmengen, die Selektion von Daten nach unterschiedlichen Merkmalen und einen Anschluß an vorhandene Verfahren als Methodenergänzung ermöglicht. Die wesentlichen Inhalte und der Aufbau des Programms sind in Anhang 3 beschrieben.

5.1.3 Einsatz von Produktstrukturmodellen

Einsatzmöglichkeiten von Produktstrukturmodellen ergeben sich für die Abteilungen Konstruktion, Produktionsplanung und -steuerung sowie für die Fertigung selbst.
In der Konstruktion vereinfacht die verbesserte Übersichtlichkeit der Strukturmodelle die Bildung von Baukastensystemen in der Weise, daß Schwachstellen im Produktaufbau erkannt werden und eine Vereinheitlichung von Teilen einfacher durchgeführt werden kann. Für die Entwicklung neuer Varianten ergibt sich die Möglichkeit, aus vorhandenen Produktvarianten innerhalb eines Strukturmodells eine Standardvariante zu bestimmen. Diese kann durch geringfügige Modifikation von Teilen und deren Kombination bei der Endmontage die vom Vertrieb geforderte Variantenvielfalt bringen, ohne den Vorteil einer Mehrfachverwendung von Teilen zu verlieren.

Die Bildung von Standardvarianten als variantenunabhängige "Grundkörper" mehrerer Erzeugnisse eröffnet auch wesentliche Vorteile in der Fertigung, insbesondere der Montage /31/. So läßt sich beispielsweise anhand der Strukturmodelle die Montage trennen in variantenunabhängige Subsysteme, welche die Grundvariantenbaugruppen in zentralisierten Vormontagen montieren, und in variantenabhängige End-Montagesubsysteme. In den Endmontagesystemen werden variantenabhängige und -unabhängige Teile und Baugruppen zu Produktvarianten zusammengefügt (siehe Organisationstyp MO 6 in Abschnitt 10.1). Da eine Variantenumstellung nur die variantenbestimmenden Teile und damit auch nur die entsprechenden Endmontagesubsysteme bezüglich Umrüstung, Materialbereitstellung und Personal betrifft, erhöht sich die Fertigungsflexibilität beträchtlich /11/.

Infolge der erleichterten Variantenumstellung kann man Randtypen (Produktexoten) in kleineren Losen fertigen und erreicht so eine Verringerung der Fertigwarenlagerbestände.

Der letztgenannte Kostenvorteil kann durch ein auf der Produktstrukturdifferenzierung aufgebautes Produktionsplanungssystem für die Material- und Teilebevorratung wesentlich verstärkt werden. Ein derartiges Verfahren wird in Abschnitt 7.1.2 vorgestellt. Weiterhin vereinfacht die Varianten-Teile-Matrix die Materialbereitstellung und die Teileverfügbarkeitskontrolle im Rahmen der Werkstattsteuerung.

5.2 Auftragsstrukturdifferenzierung

5.2.1 Aufgaben und Ziele der Auftragsstrukturdifferenzierung

Die Produktstruktur kennzeichnet die Zusammensetzung von Produktvarianten hinsichtlich Baugruppen und Teilen, im wesentlichen also statische Zusammenhänge. Möchte man geeignetere Methoden und Verfahren zur Produktionsplanung und -steuerung bei Sortenfertigung entwickeln, so müssen dynamische Zusammenhänge zwischen Produkt-, Mengen- und Zeitstruktur der Varianten bekannt sein. Dies kann am besten durch die Analyse der für diese Variante bestellten Aufträge der Vergangenheit durchgeführt werden. Anhand der Auftragsdaten können Menge, Wert, Zeitpunkt und Art sowie die Kunden und andere Größen für eine Produktvariante abgeleitet werden.

Ziel der Auftragsstrukturdifferenzierung ist es, solche Produktvarianten zu Gruppen zusammenzufassen, die über gleiche oder ähnliche auftragsbezogene Merkmale verfügen. Die nach einer Überprüfung gebildeten Auftragsstrukturmodelle dienen insbesondere als Grundlage zur Gestaltung von Fertigungs- und Lagerhaltungsmodellen, die folgende Zielsetzung erfüllen helfen:

1. Verkürzung des Planungshorizonts trotz gleichbleibend langer Wiederbeschaffungszeiten, damit die Reaktionsfähigkeit und Prognosegenauigkeit gesteigert werden kann,

2. Reduzierung von Beständen im Fertigwarenlager bei Erhaltung der Lieferbereitschaft,
3. gezielte Bevorratung von Rohmaterial- und Halbfertigwaren auf unterschiedlichen Fertigungsstufen zur Erhaltung einer definierten Lieferbereitschaft.

Um eine Standardisierung von Auftragsstrukturmodellen herbeizuführen, bietet sich die Untersuchung von Variantenaufträgen nach zeit-, mengen- und produktstrukturabhängigen Merkmalen an.

5.2.2 Vorgehensweise und Datenbasis

Im ersten Schritt zur Auftragsstrukturdifferenzierung (Bild 14) wird ein Apperzeptionsmodell für Funktionen des Fertigungs- und Beschaffungssystems erstellt. Damit läßt sich die Zeitabhängigkeit von Modellbausteinen, wie Funktions-, Lager-, Speicherbereich im Auftragsablauf kennzeichnen.
Im nächsten Schritt werden unterschiedliche Merkmale zur Beschreibung der Aufträge aufgestellt. Für sämtliche Varianten des Untersuchungsbereiches werden, bezogen auf die ausgewählten Merkmale, Auftragsdaten erhoben und analysiert. Mit Unterstützung der Programme FREQ und CROSSTABS /35/ werden Häufigkeitsverteilungen und Kreuztabellen für die Merkmale erstellt. Anhand dieser statistischen Auswertung lassen sich Merkmalsausprägungen in abgegrenzte Bereiche - Merkmalsklassen - einteilen.
Im Anschluß an die Merkmalsklassenbildung erfolgt die Gewichtung der Merkmale nach Zielen des Modells und die Zuordnung der Varianten zu den Merkmalsklassen. Im letzten Schritt werden mit Programm SORT die Produktvarianten den Auftragsklassen zugeordnet. Nach einer Überprüfung der Ergebnisse von Mitarbeitern mehrerer Produktions- und Vertriebs-, Marketingabteilungen werden die Auftragsstrukturmodelle definiert.

Der wichtigste Schritt der Auftragsstrukturdifferenzierung ist die Auswahl relevanter Merkmale. Die Untersuchung der im folgenden aufgeführten Merkmale kann ergänzt oder alternativ je nach Art des Untersuchungsfeldes ausgeführt werden. Die auftragsbeschreibenden Merkmale lassen sich in zwei Kategorien unterteilen:

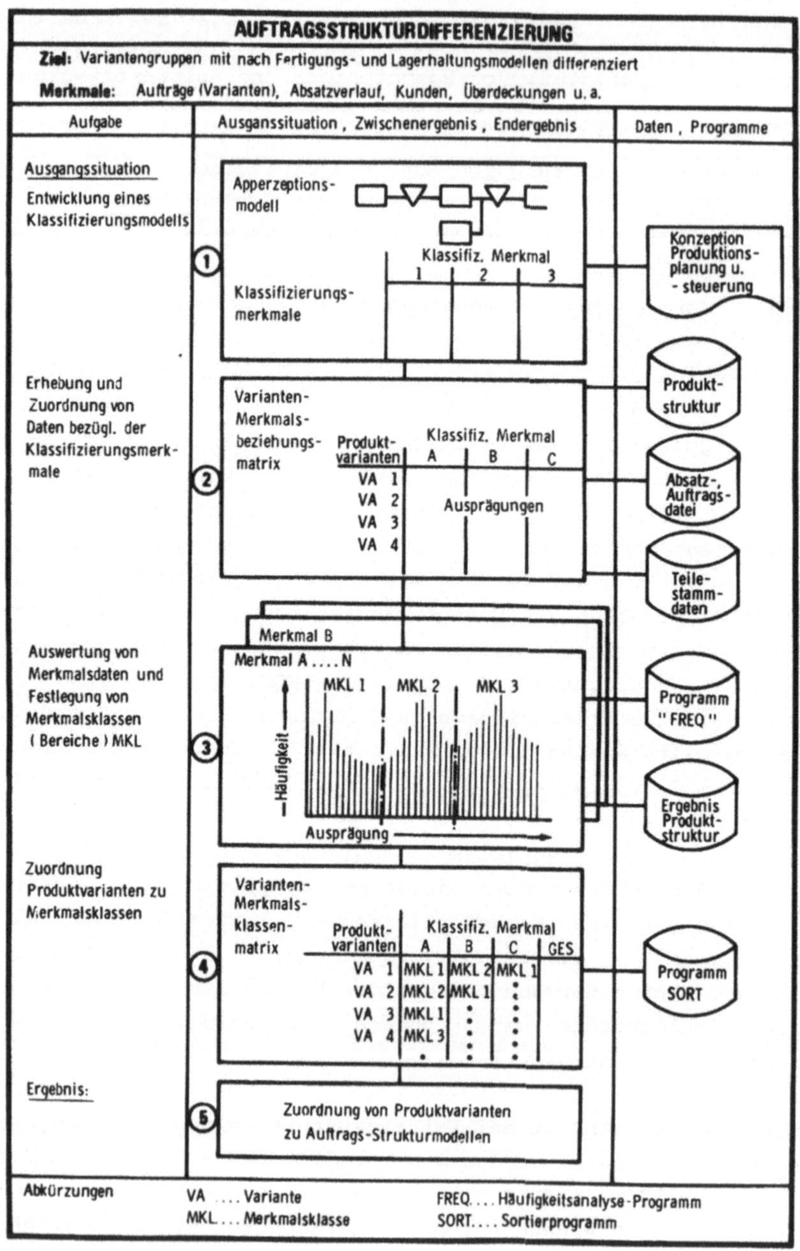

Bild 14: Vorgehensweise und Ablauf der Auftragsstrukturdifferenzierung

- absatzbeschreibende Merkmale: Mengen-, Absatzverlauf, Kundenanzahl, Umsatzverteilung
- produktbeschreibende Merkmale: Wertzuwachs, Produktstruktur

a. Untersuchung des Absatzverlaufs

Die im Rahmen dieser Arbeit durchgeführten Analysen zeigen, daß die Annahme eines normalverteilten Absatzverlaufs in den allerwenigsten Fällen zutrifft. Vielmehr kann festgestellt werden, daß viele Absatzverläufe insbesondere bei Sorten schiefe Verteilungen mit dem Schwerpunkt auf niedrigen Absatzwerten aufweisen. Der überwiegende Anteil der Absätze zeigt jedoch einen sporadischen Verlauf, der mit der Normalverteilung nicht mehr beschreibbar ist, da zuwenig Werte vorliegen. Aus diesem Grund wird für die Auftragsklassifizierung ein Parameter gewählt, dem die Quantifizierung des Nullperiodenanteils am Absatzverlauf zugrundeliegt.

Als Strukturklassen werden folgende Gruppen gewählt /36/:

- als sehr sporadisch bezeichnet man eine Absatzstruktur, wenn der Nullperiodenanteil zwischen 63 und 82% liegt,
- als sporadisch ein Absatz mit 35 bis 62% Nullperiodenanteil,
- als Halbsporadisch bei einem Nullperiodenanteil von 9 bis 34%,
- als regelmäßig gilt ein Absatzverlauf, wenn der Nullperiodenanteil zwischen O und 8% liegt und die Verteilung annähernd eine Normalverteilung (Kolmogorow-Smirnow-Test) beschreibt.

Um eine feinere Unterteilung, insbesondere der sporadischen Absatzverläufe zu erreichen, wird zusätzlich ein Iterationstest durchgeführt. Der Iterationstest prüft eine Folge von Werten daraufhin, ob es sich um zufällige Sequenzen handelt /35/. Damit wird es möglich, Regelmäßigkeiten des Absatzverhaltens (Bestellrhythmus) der Kunden zu analysieren.

b. Untersuchung der Anzahl Kunden

Die Anzahl der Kunden beeinflußt dieArt des Absatzverlaufes und das Risiko einer Bevorratung in entscheidender Weise. Obwohl dieses Merkmal eine hohe Korrelation zum Absatzverlauf aufweist, sind insbesondere solche Varianten einer näheren Betrachtung zu unterziehen, die entweder einen regelmäßigen Absatzverlauf mit nur einem Kunden oder einen sehr sporadischen Absatzverlauf trotz vieler Kunden aufweisen.

c. Untersuchung der Umsatzverteilung

Da die Anforderungen des Marktes hinsichtlich der Lieferfähigkeit der Erzeugnisse sehr hoch sind, muß sich das Unternehmen aus Gründen der Wirtschaftlichkeit auf umsatzträchtige Erzeugnisse konzentrieren. Für die hier durchgeführte Auftragsstrukturdifferenzierung bedeutet dies, daß die Umsatzverteilung so zu strukturieren ist, daß Varianten nach dem Umsatzanteil eingeordnet werden. Dies ist aus dem Grunde notwendig, daß der Kunde bei umsatzträchtigen Erzeugnissen oft keine Lieferverzögerung in Kauf nimmt, während er bei umsatzschwachen meist spezielle Varianten aus Sicherheitsgründen mit einigem Vorlauf bestellt.

d. Untersuchung des Wertzuwachses

Die Wertschöpfung eines Erzeugnisses setzt sich aus den Kosten für die Einsatzmaterialien sowie aus der Summe der auf jeder Fertigungsstufe anfallenden Kosten zusammen. Je nach Anzahl und Art der Fertigungsstufen kann der Anteil des Wertzuwachses für eine Produktvariante sehr unterschiedlich sein. Für die Auftragsplanung bedeutet dies, daß möglichst vor den Fertigungsstufen das Rohmaterial- oder die Halb-, Fertigwaren bevorratet werden, auf denen ein starker Wertzuwachs entsteht. Anhand dieses Merkmals wird die Produktvariante nach ihrem Wert auf jeder Fertigungsstufe eingeordnet.

e. Untersuchung der Produktstruktur

Zur Beschreibung der Produktstruktur werden die in Abschnitt 5.1 angeführten Begriffe wie Überdeckungsgrad und Überdeckungsart benützt. Für die hier angestellten Überlegungen ist die Bevorratung von Teilen insbesondere vor den Fertigungsstufen sinnvoll, die über eine hohe Verzweigung bzw. geringe weitere Überdeckung auf einer höheren Stufe verfügen.

Die genannten und weitere Merkmale werden zweckmäßigerweise in einem Projektteam aufgestellt, das aus Mitarbeitern der Bereiche Produktion, Materialwirtschaft und Marketing zusammengesetzt ist.

5.2.3 Einsatz von Auftragsstrukturmodellen

Die Ergebnisse der Auftragsstrukturdifferenzierung erlauben die Erstellung von Auftragsstrukturmodellen, die sich aus Produktvarianten mit ähnlichen Merkmalen zusammensetzen.
Im Hinblick auf ein integriertes Produktionssystem lassen sich damit differenzierte Halbfabrikate- und Fertigungsstufen entwickeln. Diese können der Gestaltung des Fertigungsprozesses in der Weise zugrunde gelegt werden, daß beispielsweise für Aufträge mit geringem Absatzvolumen und sporadischen Absatzverläufen universellere Fertigungseinrichtungen eingesetzt werden, als für konstante mit hohem Absatzvolumen (Unterscheidung: Kleinserien - Großserienfertigung).
Für die Auftragsplanung dienen die Auftragsstrukturmodelle als Gestaltungsgrundlage zur Festlegung von Vorlaufzeiten, Lieferbereitschaftsgrad, Sicherheitsbeständen, Dispositionsstufen u.a. sowie für den differenzierten Methodeneinsatz.

5.3 Fertigungsablaufdifferenzierung

5.3.1 Aufgaben und Ziele der Fertigungsablaufdifferenzierung

Die konventionelle Werkstattfertigung ist gekennzeichnet durch die funktionsorientierte Zusammenfassung gleichartiger Fertigungsmittel. Dies führt zu komplexen Materialflüssen und hat einen hohen Aufwand in der Produktionsplanung und -steuerung zur Folge. Aufgrund der U n ü b e r s c h a u b a r k e i t einer derartigen Fertigung ist ein aktueller Überblick trotz neuer Verfahren (Plantafel, EDV) häufig kaum möglich. Auch wird der Einsatz effizienterer Methoden durch die Vielfalt zu berücksichtigender Merkmale verhindert.
Die K o m p e t e n z t e i l u n g zwischen der Werkstattsteuerung (Kapazitätseinsatzverantwortung) und der Auftragsplanung (Produktverantwortung) führt häufig zu K o n f l i k t-

s i t u a t i o n e n. Eine Abstimmung zwischen den Produktionsbereichen wird dadurch erheblich behindert. Dies offenbart sich im allgemeinen durch zu hohe Umlaufbestände und der uneffizienten Nutzung des eingesetzten Kapitals.
Um diese Nachteile der Werkstattfertigung zu überwinden, wurde mit Hilfe von Verfahren der Gruppentechnologie das Prinzip der Zellenfertigung entwickelt /37/. Die in der Praxis eingesetzten Systeme zeigen, daß die Überschaubarkeit bedeutend gesteigert werden kann, die Produktionssteuerung vereinfacht wird und Ziele der Fertigung, insbesondere die Verkürzung der Durchlaufzeit, besser erfüllt werden können. Der Nachteil eines komplexen Materialflusses konnte damit zwar weitgehend ausgeräumt werden, das Problem einer ungenügenden Abstimmung zwischen den Bereichen wurde jedoch eher noch verstärkt.
Um eine bessere Abstimmung zwischen Bereichen zu erreichen, genügt eine Betrachtung eines Teilbereiches der Fertigung nicht. Vielmehr ist die Untersuchung des gesamten Materialflusses vom Rohmaterial bis zum Fertigteil notwendig.

Für diese Zielsetzung gibt eine g r o b e A n a l y s e von Fertigungsabläufen Aufschluß über die Art der V e r k n ü p f u n g von Fertigungszellen oder anderen strukturierten Fertigungssubsystemen sowie über die Intensität und Verzweigung von Fertigungsablaufpfaden.
Die Vorgehensweise wird im folgenden Abschnitt kurz erläutert; eine ausführliche Beschreibung liegt in /38/ vor. Für die interne Gestaltung der Fertigungszellen bzw. Montagegruppen ist eine anschließende Feinanalyse notwendig. Da hierzu bekannte Verfahren der Gruppentechnologie und Arbeitsplanung zum Einsatz kommen, wird auf eine weitere Erklärung verzichtet.

5.3.2 Vorgehensweise und Datenbasis

Die zur Untersuchung notwendigen Arbeitsplandaten, die für jedes Teil die Fertigungsverfahren und die dazu erforderliche Vorgabezeit beschreiben, müssen von dem Unternehmen EDV-gerecht zur Verfügung gestellt werden.

Die anschließende Analyse erfolgt entsprechend den in Bild 15

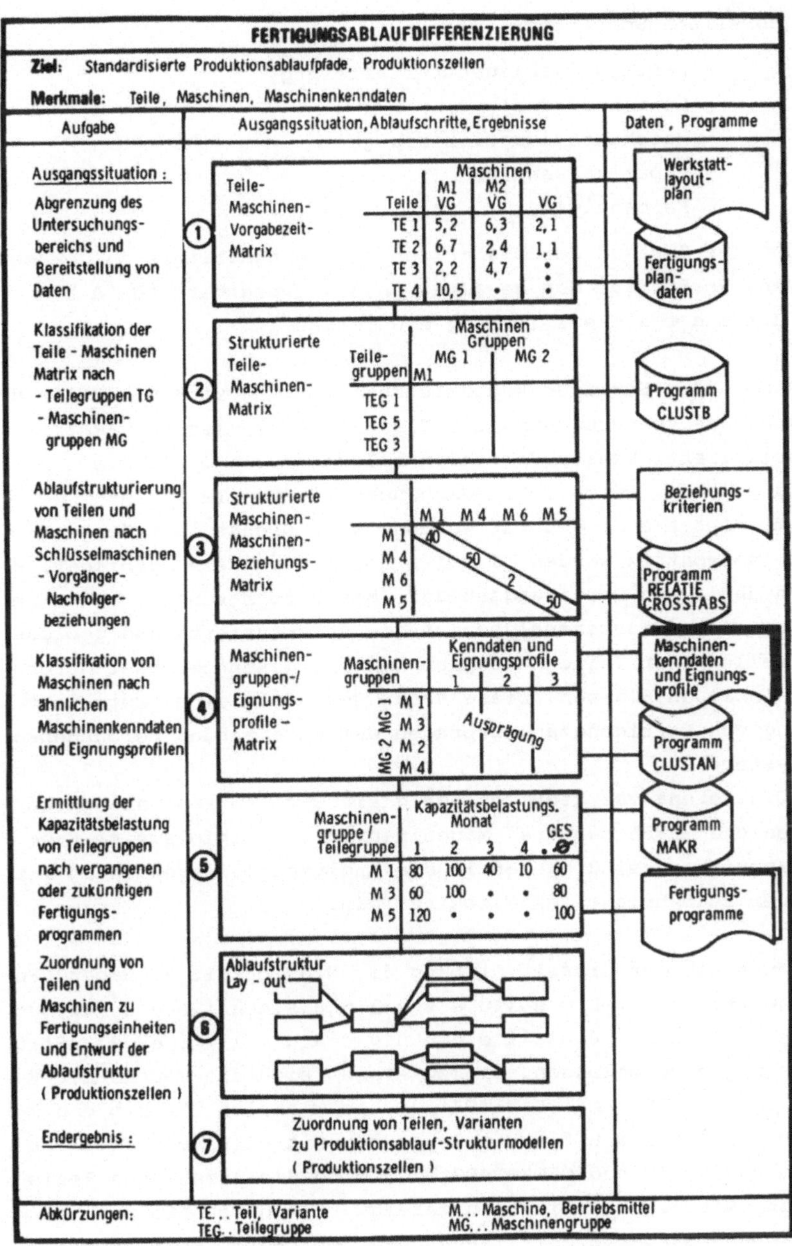

Bild 15: Vorgehensweise und Ablauf der Produktionsablaufdifferenzierung

dargestellten Schritten:

- Fertigungsablaufstrukturierung,
- Beziehungsanalyse,
- Maschinenklassifizierung,
- Kapazitätsanalyse,
- Feinanalyse.

Um den Ist-Zustand des bisherigen Fertigungsablaufs zu dokumentieren, werden für den gesamten Untersuchungsbereich Ablaufdarstellungen erstellt.

Im Rahmen der Fertigungsablaufstrukturierung wird mit Hilfe des Cluster-Analyse-Programms CLUST B die Teile-Maschinen-Matrix klassifiziert. Dieses Verfahren bildet Maschinengruppen für solche Maschinen, die von Teilen häufig gemeinsam genützt werden. Nach Drehung der Teile-Maschinen-Matrix werden Teilegruppen gebildet, die einen ähnlichen Fertigungsablauf (Maschine-Maschine) aufweisen. Ergebnis der Clusteranalyse ist die strukturierte und geordnete Darstellung der Teile-Maschinen-Matrix, gekennzeichnet durch die einzelnen Klassen. Diese Basis gestattet eine grobe Festlegung von Fertigungsablaufpfaden der miteinander verbundenen Subsysteme.
Die Clusteranalyse geht von der gleichartigen Behandlung von Teilen und Maschinen aus. Maschinen, die beispielsweise Engpaßkapazitäten sind, gehen in die Analyse gleichgewichtig mit weniger starkbelasteten Maschinen ein.

Um innerhalb der Klassifizierung die Möglichkeit zu haben, Fertigungszellen um Schlüsselmaschinen aufzubauen, wird eine Beziehungsanalyse der Strukturierung angeschlossen. Hierzu eignet sich die von BURBIDGE /39/ und DE BEER und DE WITTE /40/ entwickelte "Produktionsablaufanalyse". Mit Hilfe von zwei Programmen RELATIE und CROSSTABS /35/ wird die Anzahl von Beziehungen zwischen Maschinen aufgezeigt, die durch die Zahl der gemeinsam bearbeiteten Teile ausgedrückt wird. Entsprechend der Zielsetzung der Fertigungsablaufdifferenzierung werden nicht sämtliche möglichen Beziehungen gewählt, sondern Beziehungen

mit hoher Intensität. Dazu werden Abläufe über ausgewählte Maschinen (Schlüsselmaschinen) festgelegt. Die anschließende Klassifizierung benützt diese Schlüsselmaschinen als "Zellkerne" und berechnet die Intensität der daraus resultierenden Ablaufpfade.
Die Ergebnisse der Ablaufstrukturierung und der Beziehungsanalyse zeigen, daß innerhalb der Klassen Ausreißer oder Einzelgänger bezüglich Teilen und Maschinen auftreten. Einfach wäre es nun, diese "Ausreißer" anderen Klassen zuzuordnen, als den in der Strukturierung zugeteilten. Das bedeutet, daß man den Arbeitsgang der betreffenden Maschine auf eine ersetzende Maschine legt. Erhebliche Schwierigkeiten treten jedoch dabei auf, wenn eine Maschine, die nur einmal im Betrieb vorhanden ist, zwei Ablaufklassen zugeordnet ist. Um in einem solchen Fall die Bildung von Fertigungablaufpfaden dennoch zu gewährleisten, wird eine Maschinenklassifizierung durchgeführt.

Das Ziel der M a s c h i n e n k l a s s i f i z i e r u n g ist es, solche Maschinen zu Maschinenklassen zusammenzufassen, die sich hinsichtlich verschiedener Maschinenkenndaten ähnlich sind.
Damit ergibt sich die Möglichkeit, innerhalb einer Teilegruppe die Funktionen der o.g. Maschine auf eine funktionsähnliche Maschine, die ohnehin in der Gruppe auftritt, zu übertragen. Zur Aufstellung der Maschinenkenndaten wird von einem fertigungsbeschreibenden Klassifizierungssystem, das bei MOLL /41/ und LUEG /42/ aufgeführt ist, ausgegangen und weitere für die Problemlösung wichtige Kenndaten ergänzt.Auf Basis dieser Daten wird eine Clusteranalyse durchgeführt, deren Ergebnis Klassen funktionsähnlicher Maschinen sind.

Die Maschinenklassifizierung bringt insbesondere Vorteile bei der anschließenden Ermittlung der K a p a z i t ä t s b e l a s t u n g mit Hilfe des Programms MAKR. Für jeden Produktionsablaufpfad werden einzeln die Maschinenkapazitäten anhand eines zukünftigen oder zurückliegenden Fertigungsprogrammes berechnet. Treten Engpaßkapazitäten auf, so wird innerhalb der Teile-Maschinen-Gruppe eine funktionsadäquate Maschine mit Hilfe der

Maschinenklassifikation bestimmt. Somit wird es möglich, einerseits die Kapazität eines Funktionsbereichs abzustimmen und andererseits Aussagen über fällige Investitionen zu machen.

Nach Ablauf der einzelnen Schritte wird in einer F e i n a n a l y s e ein Gesamt-lay-out für die entwickelten standardisierten Produktionsablaufpfade entworfen. Der Inhalt der Darstellung charakterisiert die in den Subsystemen enthaltenen Maschinengruppen, die Verknüpfung von vor- und nachgelagerten Subsystemen und damit die Definition von Strukturmodellen zum Produktionsablauf.

5.3.3 Einsatz der Fertigungsablaufmodelle

Die Fertigungsablaufmodelle dienen einer Vereinfachung des Materialflusses in den untersuchten Bereichen. Sie implizieren insbesondere die Gestaltung von abgeschlossenen Fertigungssubsystemen, z.B. Fertigungszellen und deren Verknüpfung im Fertigungsablauf zu sogenannten P r o d u k t i o n s z e l l e n. Eine Produktionszelle kann aus einer oder mehreren Anlagen, Fertigungszellen oder anderen Funktionsteilbereichen, je nach der Differenziertheit und Komplexität der betreffenden Aufgabenstellung bestehen. Jede Produktionszelle stellt ein Strukturmodell des Produktionsablaufs dar. Gewissermaßen als Nebeneffekt kann die Änderung und Optimierung von A r b e i t s p l ä n e n betrachtet werden.

Als wichtige Ergänzung sei hier die Möglichkeit erwähnt, die o.g. Verfahren für eine Ablaufklassifizierung im I n f o r m a t i o n s s y s t e m einzusetzen. Da derartige Analysen bereits mehrfach veröffentlicht sind, sei hier auf die Literatur verwiesen /43/,/44/. Die Ziele von Analysen im Informationssystem sind die Zusammenfassung von Funktionssubsystemen, die gegenseitig über einen hohen Informationsaustausch verfügen, um die Kommunikationswege und deren Intensität zu reduzieren. Ebenso dienen die Verfahren der Zusammenfassung von technisch-organisatorischen Aufgaben, welche dieselben Eingangsdaten benötigen oder direkt miteinander verbunden sind. So haben FREUDENTHALER und MAIER /45/ anhand eines Teilproblems des Kölner Integrations-Modells den Informationsbedarf für technisch-organisatorische

Aufgaben erhoben, klassifiziert und in ein benutzerorientiertes Datenmodell umgesetzt.

5.4 Differenzierung von Kapazitätsbedarfsprofilen

5.4.1 Aufgaben und Ziele der Differenzierung von Kapazitätsbedarfsprofilen

Die zeitliche Belastung von Fertigungssubsystemen/Periode läßt sich aus der Stückzahl und Art des Produktionsprogrammes, aus der Produktionsablaufstruktur sowie den Endterminen für die Fertigerzeugnisse ermitteln. Die gleichzeitige Fertigung verschiedener Varianten innerhalb des Produktionsprogramms führt zwangsläufig zu einem Nebeneinander gleichartiger Arbeitsvorgänge. Als Folge davon konkurrieren gleiche oder ähnliche Arbeitsgänge verschiedener Varianten um ein begrenztes Kapazitätsangebot der Fertigungseinrichtungen.
Im Rahmen dieser Arbeit wird ein Verfahren entwickelt, das neben der Berechnung der Kapazitätsbelastung einen m e n g e n o r i e n t i e r t e n A b g l e i c h von Kapazitätsunter- oder -überlastungen durch Variation der Stückzahlen des Produktions-Programms vorsieht. Das Ziel ist eine hohe Kapazitätsnutzung der gesamten Einheiten. Mit üblichen Kapazitätsplanungsverfahren kann diese Aufgabe nur auf der Ebene der Einzelmaschinen genügend genau durchgeführt werden. Häufig wird aus Zeit- und Aufwandsgründen eine verdichtete Kapazitätsplanung auf Basis von Maschinengruppen oder Engpaßmaschinen vollzogen. Beide haben den Nachteil, daß Fertigungseinheiten mit kapazitivem Engpaß mit Veränderungen im Produktionsprogramm wechseln. Um dieses Problem zu vermeiden, wird die Mengenvariation anhand klassifizierter Belastungsprofile vorgenommen.

5.4.2 Vorgehensweise und Datenbasis

Die Differenzierung von Kapazitätsbedarfs-Profilen wird in mehreren Schritten durchgeführt (Bild 16):

- Klassifizierung von Fertigungszeiten,
- Berechnung optimaler Stückzahlverhältnisse,
- Erstellung von Gleichungssystemen zur Berechnung des optimalen Variantenmixes.

Zur Klassifizierung von F e r t i g u n g s z e i t e n wird von der Teile-Maschinen-Matrix und Ergebnissen der Produktionsablaufklassifizierung ausgegangen. Mit dem Clusteranalyseprogramm CLUSTUS wird eine strukturierte Teile-Fertigungszeit-Matrix erstellt.
Innerhalb jeder Teile- bzw. Variantenklasse wird die Maschine mit der h ö c h s t e n Fertigungszeit als E n g p a ß k a p a z i t ä t bezeichnet und der Mittelwert der Fertigungszeiten aller betreffenden Varianten innerhalb einer Teile-Varianten-Klasse für diese Fertigungseinheit berechnet.
Da das Ziel des Verfahrens zur Berechnung der optimalen S t ü c k z a h l v e r h ä l t n i s s e für unterschiedliche Varianten eine möglichst hohe Kapazitätsnutzung ist, muß ein Verfahren entwickelt werden, mit dem zwischen den Variantenklassen optimale Mengenrelationen gefunden werden. Als geeignet hierfür erscheinen Verfahren der l i n e a r e n O p t i m i e r u n g.
Da diese Verfahren in der einschlägigen Literatur ausführlich beschrieben sind /46/,/47/ soll im Rahmen dieser Arbeit auf die Erläuterung verzichtet werden. Ausgangsmatrix zur linearen Optimierung ist ein Simplex-Tableau (Bild 17), das die Zielfunktion, Nebenbedingungen und Grenzen beschreibt. Die Zielfunktion definiert die Minimierung der ungenutzten Kapazität, die durch Schlupfvariablen X9 - X12 in Minuten ausgedrückt wird. Die Schlupfvariablen beinhalten die Restzeit pro Maschine, bezogen auf ein vorgegebens Produktionsprogramm, und sind im günstigsten Fall gleich 0. Die N e b e n b e d i n g u n g e n sind lineare Funktionen, welche sich jeweils pro Engpaßkapazität EPM auf deren Fertigungszeit je Stück einer Variante bezüglich Teileklasse X1 - X8 beziehen.

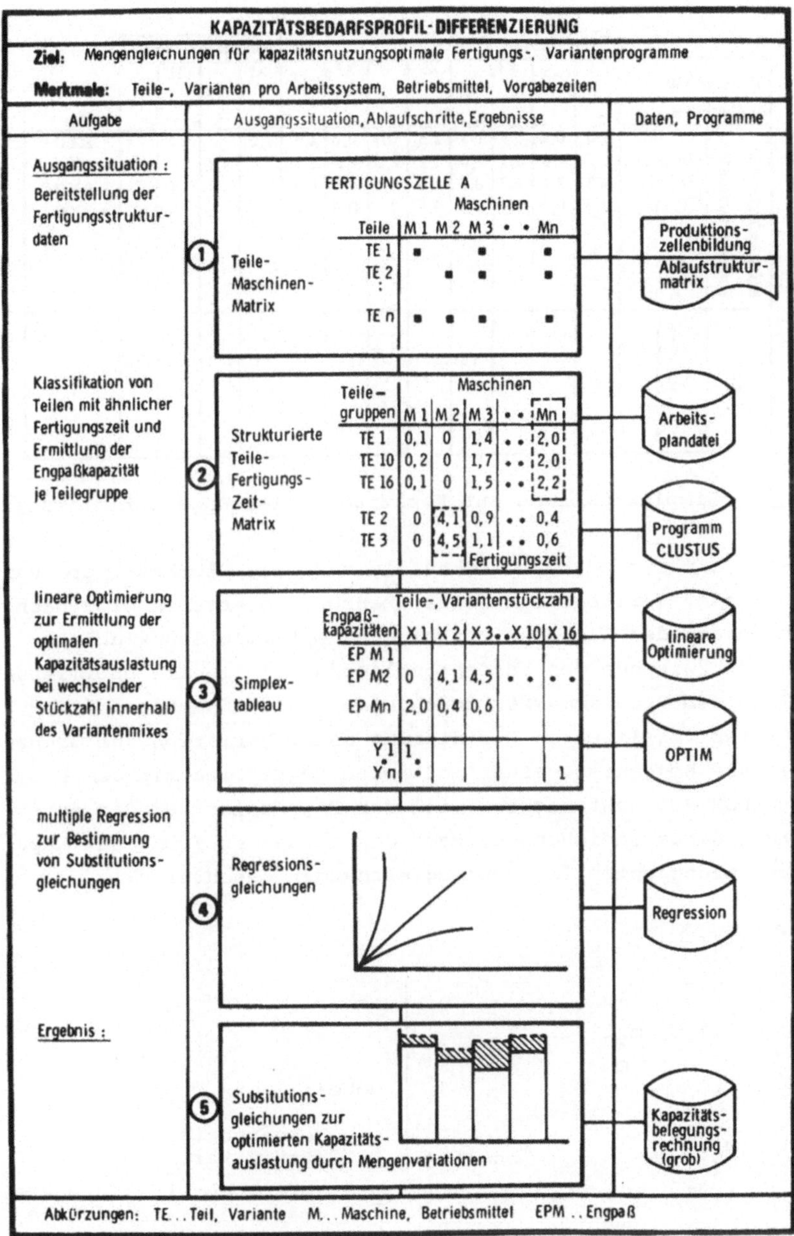

Bild 16: Vorgehensweise und Ablauf der Differenzierung von Kapazitätsbedarfs-Profilen

		Teile-Klassen								Schlupfvariablen				
Steuergröße		X1	X2	X3	X4	X5	X6	X7	X8	X9	X10	X11	X12	
Zielfunktion										+	+	+	+	= Min
Nebenbedingungen Engpassmaschinen	EP M1	1,0	0,8		1,3	1,5	0,9	0,6	1,6	1,0				= 8000
	EP M2	1,5	1,6	1,7	2,6	1,2	2,0	2,2	1,5		1,0			= 8000
	EP M3	3,2	2,1	2,7	0,5	1,0	0,5	1,2	0,8			1,0		= 8000
	EP M4	0,9	0,9	2,4	0,9	0,9	2,3	0,8	1,0				1,0	= 8000
Grenzen	X 1 X 2 X 3 X 4 X 5 X 6 X 7 X 8	variable Varianten-, Teilestückzahlen												

Bild 17: Simplex-Tableau zur Kapazitätsbelastungs-Optimierung

Die G r e n z e n beschränken die maximale Stückzahl pro Variantenklasse. Variiert man diese Grenzen, so ergeben sich nach Durchführung der linearen Optimierung optimale Stückzahlverhältnisse zwischen den Variantenklassen.Die lineare Optimierung wird mit dem Programm MPOS durchgeführt /48/. Nach ca. 150 - 200 Läufen der linearen Optimierung unter Variation der Grenzen werden die Ergebnisse einer multiplen Regression mit dem Programm SPSS /35/ unterzogen. Ziel der Regression ist die Aufstellung eines Gleichungssystems der folgenden Form, das"kapazitätsnutzungsoptimale" Mengengleichungen beschreibt:

$$\underline{X} = \underline{a} - MA\ \underline{X}$$

$$MA = \begin{bmatrix} 0 & m_{12} & m_{13} & \cdots\cdots & m_{1b} \\ m_{21} & 0 & m_{23} & \cdots & \\ \cdot & & 0 & & \\ \cdot & & & 0 & \\ \cdot & & & 0 & m_{1b-1} \\ m_{b1} & & & m_{bb-1} & 0 \end{bmatrix}$$

$$\underline{x}^T = x_1, x_2, \ldots\ldots, x_b$$

$$\underline{a}^T = a_1, a_2, \ldots\ldots, a_b$$

wobei:

$\underline{X}$ = Mengenvektor (Stück/Variante

$\underline{a}$ = Vektor der Absolutwerte (maximale Stückzahl je Variante; nur Variante i wird gefertigt)

MA = Matrix der Regressionskoeffizienten

b = Anzahl an Mengengleichungen

Mit Hilfe dieses Gleichungssystems lassen sich sehr einfach die Auswirkungen von Stückzahlveränderungen einer Variantenklasse auf die Mengenverhältnisse aller anderen Variantenklassen berechnen und folgende Aussagen treffen:

- welche Variantenklasse verursacht den höchsten Anteil ungenutzter/überbelasteter Kapazität,
- welche Auswirkungen hat eine Stückzahlerhöhung/ -senkung auf den Anteil ungenutzter/überbelasteter Kapazität,
- mit welcher Variantenklasse kann die beste Mengenvariation durchgeführt werden.

5.4.3 Einsatz von Modellen differenzierter Kapazitätsbedarfsprofile

Mit Hilfe des beschriebenen Verfahrens kann eine Grobabstimmung der Kapazität für die Herstellung des Produktionsprogramms erreicht werden. Als Eingangsdaten müssen ausschließlich Variantenstückzahlen des Produktionsprogramms eingegeben werden. Die standardisierten Kapazitätsbelastungs-Profile nehmen die Rolle von Strukturmodellen für eine Gruppe von Varianten oder Teilen mit ähnlichem Kapazitätsbedarfsprofil.
Mit dem beschriebenen Verfahren kann die Kapazitätsbelastungsrechnung und der Kapazitätsabgleich für Subsysteme auf unterschiedlichen Stufen oder für eine Produktionszelle insgesamt durchgeführt werden, ohne daß auf Maschinen- oder Arbeitsplandatei zurückgegriffen werden muß (Einzelheiten zur Methode siehe Abschnitt 7.1.3).

5.5 Differenzierung von Montagezeit-Profilen

5.5.1 Aufgaben und Ziele der Differenzierung von Montagezeit-Profilen

Der Variantenreichtum der Sortenfertigung verbunden mit den Zielen hoher Flexibilität bei einer vergleichweise niedrigen Kapitalbindung im Fertigwarenlager verursachen häufige Kapazitätsschwankungen und laufende Änderungen im Produktionsprogramm. Diesen Änderungen des Ausstoßes wurde in der Vergangenheit z.B. im Montagebereich dadurch Rechnung getragen, daß die

zwangsgetakteten Montagelinien nach der Herstellung eines Loses umgerüstet werden. Da die einzelnen Varianten unterschiedliche Arbeitsinhalte aufweisen, war eine laufende Personalumbesetzung unumgänglich. Um die damit verbundenen Verluste aufzuheben, wurden neue Montagestrukturen entwickelt, die eine Auflösung der Linien zu Montagegruppen bzw. Kombinationssystemen mit kleineren Vormontage- und Endmontagesystemen vorsehen (siehe Funktionsmodell Typen 4-9). Nach Einführung der neuen Systeme wurde erkannt, daß zwar aus arbeitswissenschaftlicher Sicht Vorteile zu erzielen sind, die Systemabstimmung zwischen den dezentralisierten Montagesystemen aber nur durch Einrichtung umfangreicher Pufferläger erreicht wird. Eine Lösung, die bei hochwertigen und voluminösen Teilen meist unvorteilhaft ist. Damit verbunden ist auch der Nachteil einer höheren Kapitalbindung und erhöhter Investitionskosten, was die Attraktivität solcher Systeme stark einschränkt.
Neben der technischen Lösung ist die Einführung von Methoden zur planerischen Abstimmung der Montagesysteme im Rahmen der Auftragsplanung eine wesentliche Ergänzung. Kennzeichnend für die Sortenfertigung sind starke Unterschiede der Montagezeiten, die jeweils von der Kompliziertheit der Produktstruktur einer Variante abhängen. Bei der parallelen Montage mehrerer Varianten ergeben sich Abstimmungsverluste dergestalt, daß beispielsweise die Montagezeit in den zentralen Vor-Montagesystemen höher ist, als die in den Endmontagesystemen und umgekehrt. Die Schwierigkeit der Abstimmungsplanung steigert sich mit der Anzahl der Varianten, die gleichzeitig montiert werden können (Variantenmix), und der Anzahl von einander abhängigen Montagesystemen.
Ziel der im folgenden vorgestellten Klassifizierung ist die Bildung solcher Gruppen von Varianten, die minimale Abstimmungsverluste bei gleichzeitiger Montage aufweisen.

5.5.2 Vorgehensweise und Datenbasis

Als Datengrundlage dienen die Montagepläne sämtlicher Varianten mit den Einzeldaten: Variantenbezeichnung, Montagezeit und erforderliches Personal pro Montagesystem, die in der Montageplandatei abgespeichert werden (Bild 18). Mit Programm CLUSTUS wird

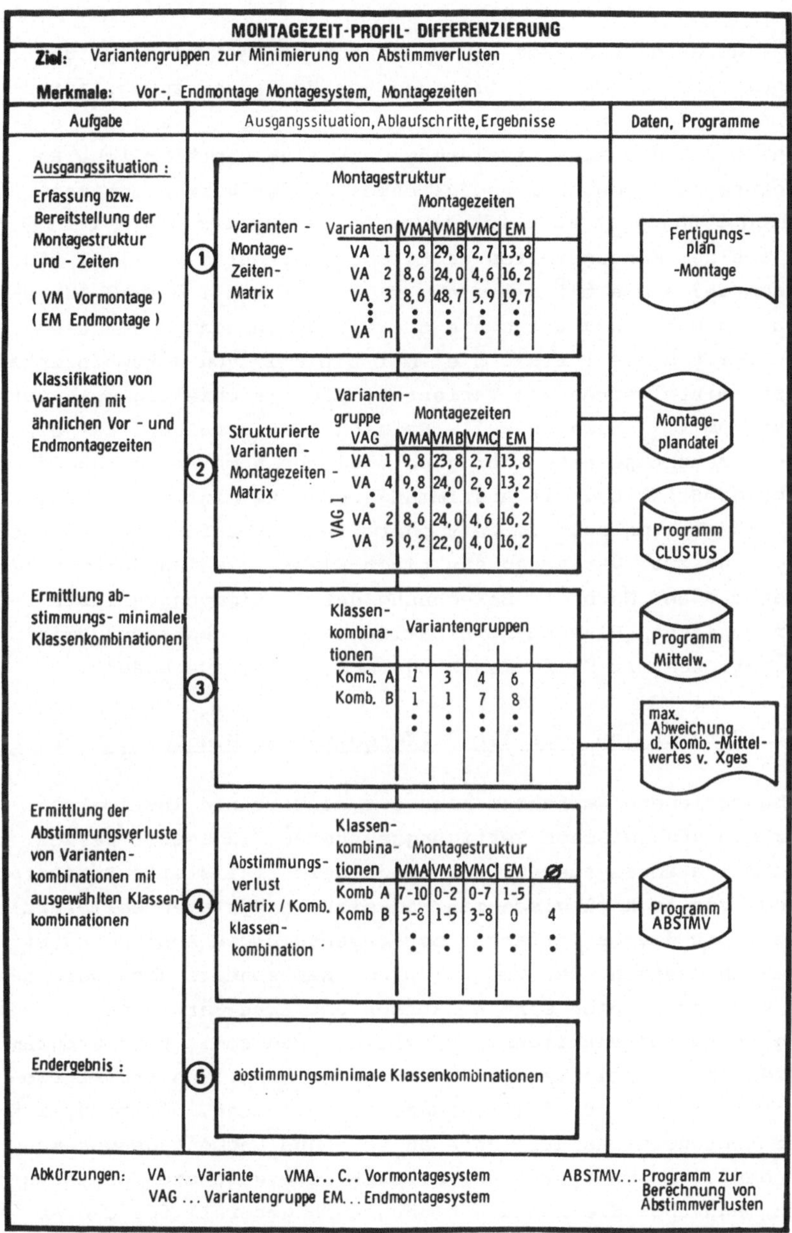

Bild 18: Vorgehensweise und Ablauf der Differenzierung von Montagezeit-Profilen

eine Clusteranalyse nach dem Verfahren von WARD durchgeführt. Ergebnis ist eine Klassifizierung von Varianten zu Variantengruppe mit ähnlichen V o r- u n d E n d m o n t a g e z e i t e n. Durch die Klassifizierung wird eine beträchtliche Reduzierung der Kombinationsmöglichkeiten des Variantenmixes erreicht. Zunächst wird für jedes Montagesystem der Mittelwert $\bar{x}_{ges}$ aus den Montagezeiten sämtlicher Varianten gebildet. Für die Auswahl a b s t i m m u n g s m i n i m a l e r K l a s s e n k o m b i n a t i o n e n gilt die Annahme, daß sich das a r i t h m e t i s c h e M i t t e l von n-kombinierten Klassen-Mittelwerten von Varianten, die gleichzeitig montiert werden, um $\bar{x}_{ges}$ bewegen soll. Dadurch wird erreicht, daß die Summe der Montagezeiten für jede mögliche Kombination ungefähr gleich groß ist und die Abstimmungsverluste minimal werden. Eine Klasse kann auch doppelt oder dreifach auftreten, nämlich dann, wenn zwei Varianten aus einer Klasse miteinander montiert werden müssen. Nach der Berechnung der Abstimmungsverluste aller möglichen Klassen-Kombinationen werden abstimmungsminimale Kombinationen mit Hilfe des Programms ABSTMV ausgewählt.

5.5.3 Einsatz von Modellen differenzierter Montagezeit-Profile

Das beschriebene Verfahren kann zur allgemeinen Abstimmung innerhalb und zwischen Fertigungssystemen eingesetzt werden. Bei Kombinationssystemen, bei denen dezentralisierte Endmontagesysteme von technologisch-zentralisierten Systemen beliefert werden, ist dieses Verfahren zur gegenseitigen Abstimmung effizient einzusetzen. Der Vorteil wird insbesondere dann wesentlich verstärkt, wenn eine bedarfsorientierte Fertigung mit dem Zwang zu kurzer Reaktionszeit vorliegt und somit kein Programm mit festen Lossequenzen gefahren werden kann. Ein Strukturmodell "Montagezeit-Profil" beinhaltet Varianten, die bezüglich ihrer Montagezeiten auf mehreren Vor- und Endmontagesystemen über ähnliche Montagezeiten verfügen. Die genannte Vorgehensweise kann über die Montage hinaus auch generell für die Abstimmung von Subsystemen eingesetzt werden, die über einen verhältnismäßig geringen Entkopplungsgrad verfügen und die parallele Einlastung von Aufträgen ermöglichen.

5.6 Differenzierung von Rüstzeit-Profilen

5.6.1 Aufgaben und Ziele der Differenzierung von Rüstzeit-Profilen

Neben identisch gleichen Teilen treten im Fertigungs- oder Montageprogramm rüstähnliche Teile oder Varianten auf. Wesen der Teilefamilien- und Fertigungsfamilienbildung ist es,Schlüsselsysteme aufzustellen, die die Zusammenfassung von rüstähnlichen Teilen zu Fertigungslosen gestatten. Im Materialfluß muß sich nach jeder Zwischenfertigung die Familie wieder auflösen. In der Regel werden die Teile innerhalb einer Familie an unterschiedlichen Arbeitsplatzgruppen weiterbearbeitet. Ziel der Strukturdifferenzierung ist es, für eine Arbeitsplatzgruppe (Teilefertigung oder Montage) geplante Aufträge derart in Klassen zu vereinigen, daß die Fertigung der Teile, Baugruppen usw. innerhalb dieser Familien minimale Rüstzeiten aufweisen. Da ein Verfahren mit Unterstützung der automatischen Klassifizierung von SINGER /49/ bereits entwickelt wurde, soll im folgenden ein für die Problemstellung dieser Arbeit modifizierte Lösung vorgestellt werden.

5.6.2 Vorgehensweise und Datenbasis

Als Basis werden Rüst- und Umrüstzeiten für jedes Werkzeug auf unterschiedliche Arbeitsplatzgruppen pro Teil, Baugruppe benötigt (Bild 19). Als Werkzeug sind hier alle für den Betrieb eines Arbeitsplatzes notwendigen Hilfsmittel, wie z.B. Vorrichtungen, Aufnahmen, Maschinenteile, Aggregate, Kopierschablonen, Steuerkurven und NC-Programme zu verstehen, die einer Umrüstung unterliegen.

Da konventionelle Fertigungspläne nur verdichtete Daten mit der Gesamtumrüstzeit beinhalten, müssen Einrichte- bzw. Werkzeugkataloge um werkstückbezogene Umrüstzeitelemente ergänzt werden. Aus den Fertigungsplandaten pro Teil und den ermittelten Daten läßt sich eine Teile-Werkzeugmatrix generieren, welche die

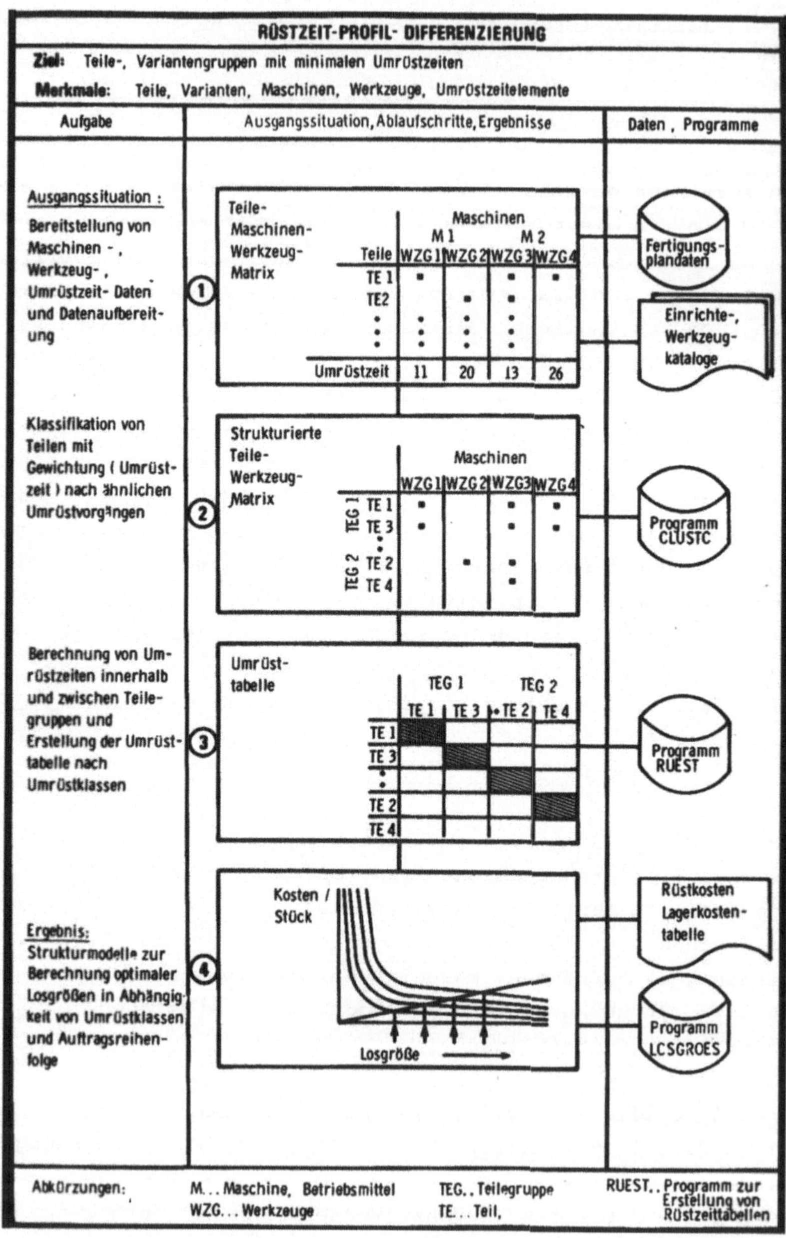

Bild 19: Vorgehensweise und Ablauf zur Differenzierung von Rüstzeit-Profilen

betreffenden Umrüstzeiten enthält. Ausgehend von dieser Matrix wird eine Clusteranalyse mit Programm CLUST C durchgeführt, welche eine klassifizierte Werkzeug- und Umrüstzeiten-Matrix rüstzeitgleicher Teile-, Baugruppenklassen erzeugt.
Im Anschluß an die Klassifikation wird eine U m r ü s t- t a b e l l e ausgegeben, welche die Teilefolge in der Weise strukturiert wiedergibt, daß die umrüstähnlichsten Teile in Teilegruppen paarweise nebeneinander stehen. Als Ergänzung kann eine L o s g r ö ß e n b e r e c h n u n g angestellt werden, welche in Abhängigkeit der Klassenbesetzung und mit Daten der Rüstkosten- bzw. Lagerkostentabelle wirtschaftliche Losgrößenstufen ausweist (siehe hierzu Abschnitt 7.2.2).

5.6.3 Einsatz von Modellen differenzierter Rüstzeit-Profile

Das beschriebene Klassifizierungsverfahren kann für den Planer eine Hilfe bei der A u f t r a g s r e i h e n f o l g e n- p l a n u n g sein und gleichfalls für F e r t i g u n g s- und M o n t a g e p r o g r a m m p l a n u n g anwendbar.
Als Nebeneffekt hierzu kann die Förderung einer W e r k z e u g- s y s t e m a t i k verbunden sein.

5.7 Allgemeine Ergebnisse der Strukturdifferenzierung

Die wesentliche Erkenntnis zur Strukturdifferenzierung ist, daß die vielfältigen Daten über die Eigenschaften von Strukturen auf wenige Strukturmodelle reduziert werden können. Der Vorteil der Modellbildung liegt darin, daß die Modelldaten ebenso repräsentativ und deshalb "planbar" sind, wie die vielfältigen Ausgangsdaten selbst. Damit wird der hohe Aufwand für die Gestaltung und die laufende Planung und Steuerung eines Produktionssystems entscheidend vermindert.
Voraussetzung für die Funktionsfähigkeit ist die periodische Anwendung der Differenzierung. Nur so kann letztlich die Zugehörigkeit von Teilen, Varianten und Subsystemen zu definierten Strukturmodellen auch bei sich verändernden Eigenschaften der Strukturen exakt beschrieben werden.

6 STRUKTURINTEGRATION

6.1 Aufgabe und Vorgehensweise der Strukturintegration

Die Aufgabe der Strukturintegration ist die Gestaltung des Informations- und Materialflusses d.h. der vertikalen und horizontalen Verknüpfung von Subsystemen der Produktion. Die Freiheitsgrade für die Integration hängen von den Vorgaben und Zielen der gewählten Organisationsmodelle und den entwickelten Strukturmodellen ab.

Die Strukturintegration ist als ein schrittweiser Prozeß zu verstehen, in dem ein anwenderspezifisches Gesamtsystem entwickelt wird (Bild 20). Zunächst müssen für die Systemgestaltung 3 Gestaltungsbausteine bereitgestellt werden.

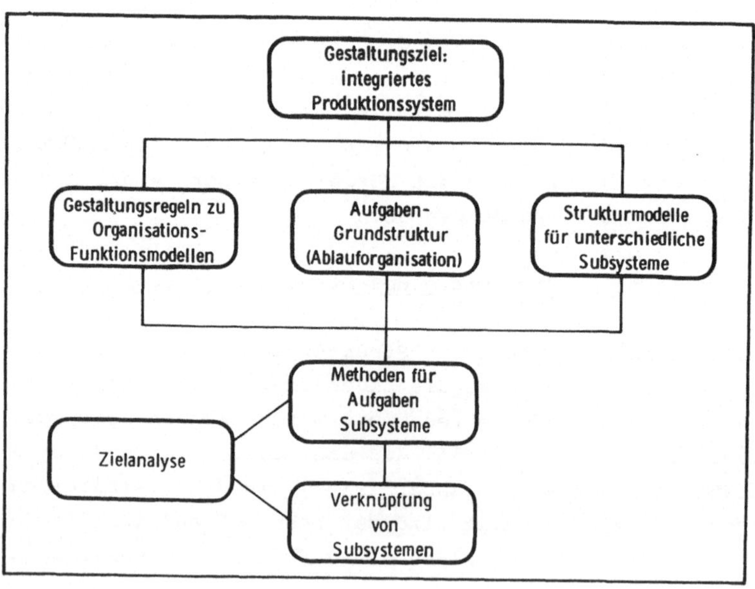

Bild 20: Gestaltungselemente der Strukturintegration

Ausgehend von den Vorgaben der Unternehmensplanung werden im 1. Schritt Gestaltungsregeln zu Organisations- und Funktionsmodellen ausgewählt (Kapitel 3), die eine grobe Gestaltungsrichtung für ein integriertes Produktionssystem vorgeben. Mit den im Kapitel 5 entwickelten Strukturmodellen werden in einem 2. Schritt die betrieblichen Strukturen standardisiert. Im 3. Schritt kann losgelöst von betrieblichen Gegebenheiten die Aufgabengrundstruktur für Funktionen und Aufgaben innerhalb von Funktionsbereichen betrieblicher Subsysteme und deren gegenseitige Verknüpfung und Abhängigkeiten aufgestellt werden.
Auf Basis dieser Gestaltungsbausteine werden für die Subsysteme Methoden definiert. Dazu können entweder Methoden aus einer Methodensammlung ausgewählt oder neue Methoden entwickelt werden.

Beides vollzieht sich jeweils unter Berücksichtigung der definierten Ziele, Funktions- und Strukturmodelle. Innerhalb dieses Prozesses bleibt die gegenseitige Abhängigkeit zunächst unberücksichtigt. Innerhalb der betrieblichen, anwenderspezifischen Ablauforganisation werden dann die neugestalteten Subsysteme miteinander verbunden und abgestimmt. Die anschließende Zielanalyse läßt Aussagen über die Effizienz von Einzelmethoden und Gesamtsystem zu.

Da die Strukturintegration nicht losgelöst von anwenderspezifischen Merkmalen und Randbedingungen vollzogen werden kann, wird anhand eines ausgewählten Fallbeispiels die Vorgehensweise und Zieldiskussion beschrieben.
Im Unternehmen, das als Fallbeispiel den weiteren Ausführungen zugrundeliegt, werden Normlager, Lagerflansche sowie Lagerböcke vor allem für die Lagerung von Aggregaten hergestellt. Die Produkte werden aus mehreren Teilen montiert, wobei die hochwertigen Großteile selbst gefertigt und die Kleinteile zugekauft werden. Die Produkte sind durch eine Vielzahl von Varianten gekennzeichnet, die durch Kombination von Teilen, Toleranzklassen, speziellen Ausführungsvorschriften und Verpackungen spezifiziert werden.

Für das vorliegende Beispiel wurde ein repräsentativer, abgeschlossener Produktionsbereich mit ca. 500 Produktvarianten ausgewählt. Im Fertigungssystem werden die Bearbeitungsvorgänge Weichbearbeitung: Drehen, Fräsen usw. - Härten - Hartbearbeitung: Schleifen, Läppen usw. und die Vor- und Endmontage durchgeführt. Insgesamt umfaßt der Untersuchungsbereich 176 unterschiedliche Maschinen, Anlagen und Montagesysteme. Die Teilefertigung des Ist-Systems ist nach dem Prinzip der Werkstattfertigung, die Montage nach dem Linienprinzip organisiert. Der Fertigungsbereich verfügt über 150 produktive und ca. 70 nicht direkt produktive Mitarbeiter.

Die Vorgaben der Unternehmensplanung, die an ein neues Produktionssystem gestellt werden, beziehen sich auf eine entscheidende Verbesserung der Kapitalrentabilität, wobei der Schwerpunkt auf die Reduzierung des Umlaufvermögens zu legen ist sowie der Unternehmensflexibilität.
Da im Fallbeispiel nicht alle neugestalteten Subsysteme in einem Schritt eingeführt wurden, werden im folgenden zur Bewertung teils praktische Erfahrungen, teilweise Simulationsergebnisse herangezogen. Bei einzelnen Maßnahmen wird auf die Schätzung zurückgegriffen, wozu mehrere Fachleute des untersuchten Unternehmens befragt und die Meinungen diskutiert wurden.

6.2 Bereitstellung von Gestaltungsregeln zu Organisations- und Funktionsmodellen

Die Auswahl von Gestaltungsregeln zu Organisations- und Funktionsmodellen ist den schraffierten Bereichen in Bild 21 zu entnehmen.
Von den Organisationstypen zum Modell "Aufbauorganisation" sind die organischen Strukturen mit geringem vertikalen und horizontalen Dezentralisierungsgrad am besten geeignet. Dies läßt sich mit der hohen Produkt- und Teilediversifizierung der Sortenfertigung begründen.
Das für die genannten Modelle adäquate Informationssystem muß wegen der hohen Datenmenge bei Sortenfertigung die dezentrale Informationsverarbeitung vor-

		FERTIGUNGS-SYSTEM					LAGERHALTUNGS-SYSTEM					PRODUKTIONS-PLANUNGS STEUERUNGS-SYSTEM		
				Herstellkosten Senkung				Lager- u. Transportkosten Senkung						
		Durchlaufzeitverkürzung	Erhöhung der Kapazitätsbelastung	Einzelkosten	Gemeinkosten	Durchlauf-, Liegezeitverkürzung	Erhöhung des Lieferbereitschaftsgrades	direkte	indirekte	Flexibilitätserhöhung	Erweiterung des Dispositions- u. Handlungsspielraums	Erhöhung der Planungssicherheit	Verminderung des Planungsaufwands	Erhöhung der Auskunftsbereitschaft
AUFBAU-ORGANISATION	ABO 1											+	+	+
	ABO 2				−					−	−	+		−
	ABO 3				−				−	+	−	−	−	+
	ABO 4								−	−	−	−	⊖	−
	ABO 5				+					+	+	+		+
	ABO 6				+				+	⊕	⊕	+		+
INFORMATIONS-SYSTEM	INFO 1				−				−		+	⊖	−	⊖
	INFO 2												+	+
	INFO 3				+				+				+	+
	INFO 4				+				+	+		⊕		⊕
	INFO 5									+	+	⊕	−	⊕
	INFO 6				−				−	⊕	+	⊕	−	⊕
PRODUKTION-ABSATZ	PRA 1	+	⊕	⊕	+	−	⊖	⊖		⊖		+	+	
	PRA 2		⊖	−	⊖	+	⊕	⊕	+		−	−	−	
	PRA 3	+	+	+		−	+	−	−	⊕		+		
	PRA 4	+	+		−		+	+	−	⊕	−	+	−	
	PRA 5		−	−		−	+					−		
MENGENBEWIRT-SCHAFTUNG	MEB 1	⊖	−	−	−	+	+	⊕		+		−	⊖	
	MEB 2	−		+	+	−	−	−		⊖		+	+	
	MEB 3		+	+		−	−	−		⊖		⊕	⊕	
	MEB 4		+	+		⊖	+	⊖		+		+		
	MEB 5	+	+	⊕		+	+			+		−	−	
	MEB 6	+	−		−	+	+	+		+		+	⊖	
KAPAZITÄTS-BEWIRTSCHAFTUNG	KTB 1			+		+	−	+		−		+	−	
	KTB 2			+		+	−	+		−		+	−	
	KTB 3		+	−		−	+	−		⊕			+	
	KTB 4	−	+	−	−	−	+	−		+		−		−
	KTB 5	+	+	+	−	−	−	−		+		+	⊖	
	KTB 6	+		+		−		−		+			+	
	KTB 7		+	−	−		+			+		−	−	
FERTIGUNGS-ABLAUF	FA 1	⊕	−	−	+	+	+	−		+			+	+
	FA 2	⊕	−	−		+							+	+
	FA 3	+	−	+	+	+	+			+			+	+
	FA 4	−	+	−	⊕	+		+		−		−	⊖	⊖
	FA 5	⊖	+		+	+	−	+		−		+	⊖	⊖
MONTAGE-SYSTEM	MO 1	+	⊕	⊕	−			−		−	−	+	+	
	MO 2	+	+	+				−		−			+	
	MO 3	+	+	+	+			−		−	+		+	
	MO 4		−		−			+		+	+			
	MO 5		−	⊖	−			+		⊕	⊕	+	−	+
	MO 6		+	−	−			+		⊕	⊕	+	−	+
	MO 7		+	−				−				+	+	+
	MO 8	+			⊖			⊕		⊕	⊕		⊖	−
	MO 9	+		⊖				⊕		⊕	⊕		⊖	−
TEILEFERTIGUNGS-SYSTEM	TF 1	−	⊕		−			−			+	−	−	−
	TF 2	−	⊕	+	−			−			+	−	−	−
	TF 3	+						−		−	−	⊕	⊕	+
	TF 4	⊕		⊕	+			−		⊖	⊖	⊕	⊕	+
	TF 5	+	−	+	+			+		⊕	⊕	+	+	+
	TF 6	+	−	⊕	+			+		⊕	⊕	+	+	+
	TF 7	+	−	⊕	⊖			+		+	−	+	⊖	⊕
MATERIAL-BEREIT-STELLUNGS-SYSTEM	MB 1				−		−		⊖	−		+	−	+
	MB 2				−				+	⊕	+		⊖	
	MB 3				⊕		+		⊕	+	+	+	+	−
	MB 4				+				+	+	⊕	−	⊕	−

+ positiver Zielbeitrag
− negativer Zielbeitrag
⊕ hoher positiver Zielbeitrag
⊖ hoher negativer Zielbeitrag
ausgewählte Gestaltungsregeln (Fallbeispiel)

Bild 21:
Auswahl von Gestaltungsregeln (Organisationstypen) zu Organisations- und Funktionsmodellen anhand der aufgestellten Ziele

sehen. Diesen Anspruch erfüllen *EDV-Systeme mit Datenbanken* und Rechnerverbundsysteme in vorzüglicher Weise. Das Ziel "Unternehmensflexibilität" macht innerhalb der Produktionsprogrammplanung ein Modell mit *aktiver Lagerhaltungspolitik* oder ein System mit stufenweiser Anpassung an Absatztrends notwendig. Dies ist schon deshalb einsichtig, weil Unternehmen mit Sortenfertigung oftmals saisonbeeinflußte Absatzverläufe aufweisen.

Um die gewählte Strategie auch im Fertigungsprozeß umzusetzen, ist für die Mengenbewirtschaftung ein Modell einzuführen, das einerseits wirtschaftliche Bestellmengen eröffnet, andererseits den Aufbau von "unnötigen" Beständen zuläßt. Die Bewirtschaftung mit *Sammelbestellpunkten* erfüllt diese Aspekte ebenso wie die *dynamisch-stochastische* Bewirtschaftung. Der Kapazitätsbewirtschaftungstyp "*Mengenvariation*" eröffnet die Möglichkeit, die Kapazität mit Hilfe des Auf- und Abbaus von Programmstückzahlen abzugleichen. Dieses Modell findet in der lang- und mittelfristigen Kapazitätsplanung eine bevorzugte Anwendung. Im kurzfristigen Bereich werden Modelle eingesetzt. die eine Veränderung der *Lossequenzfolge* vorsehen.

Die Auswahl eines Organisationstyps des *Fertigungssystems* wird durch die Modelle zur Aufbau- und Ablauforganisation, insbesondere durch die Produktstruktur beeinflußt.

Im allgemeinen ist eine zentralisierte Fertigung die einfachste Form des Fertigungsablaufes. Da aufgrund der Produktstruktur diese Art des Fertigungsablaufs bei der Sortenfertigung häufig ausscheidet, ist alternativ die *mehrstufige unabhängige* Fertigung vorzusehen. In jedem Fall ist eine starke Vernetzung des Fertigungsablaufs angesichts der gesetzten Zielpriorität ungünstig.

Für die Einrichtung einer mehrstufigen, parallelen Fertigung eignet sich für die Teilefertigung eine *Zellenstruktur* und für die Montage ein *Montagegruppen-* oder *Kombinationssystem* in vorzüglicher Weise /11/.

Da in der Sortenfertigung kleine und mittlere Serien mit hoher Teileverwendbarkeit hergestellt werden, ist die *ver-*

b r a u c h s o r i e n t i e r t e, a u f t r a g s n e u t r a l e Materialbereitstellung vorzuziehen.

6.3 Bereitstellung von Strukturmodellen für ausgewählte Subsysteme

Die im folgenden erläuterte Entwicklung von Strukturmodellen bezieht sich ausschließlich auf die in Kapitel 5 behandelten Sachstrukturen, wie Auftragsstrukturdifferenzierung und Produktionsablaufdifferenzierung. Die weiteren in Kapitel 5 diskutierten Strukturen werden jeweils im Zusammenhang mit der Methodenentwicklung behandelt.

6.3.1 Bildung von Auftragsstrukturmodellen durch Anwendung der Auftragsstrukturdifferenzierung

Als Ergebnis der Auftragsstrukturdifferenzierung (siehe Abschnitt 5.2.) ergeben sich 3 Auftragsstrukturmodelle, im folgenden als Auftragsklassen X,Y,Z bezeichnet, die sich hinsichtlich der in Bild 22 aufgeführten Klassifizierungsmerkmale unterscheiden.

Merkmalsausprägung / Klassifizierungsmerkmale	x - Klasse 195	y - Klasse 228	z - Klasse 77
durchschnittliches monatliches Herstellkostenvolumen	o bis 1499 DM 330	1500 bis 7499 DM 125	ab 7500 DM 45
Sporadität	sehr sporadisch 195	sporadisch u. halbsporadisch 175	regelmäßig 130
Überdeckungsart Überdeckungsgrad	keine, einseitig gering 215	mehrseitig hoch 205	einseitig mittel 80
Kundenzahl	1 Kunde 140	2 bis 10 Kunden 175	ab 11 Kunden 185

Anzahl Produktvarianten (Fallbeispiel)

Bild 22: Zuordnung von Klassifizierungsmerkmalen zu Auftragsklassen und Häufigkeit der Produktvarianten im erhobenen Fallbeispiel pro Merkmalsgruppe

Trägt man den Anteil der Variantenzahl in den Auftragsklassen über die Herstellkosten auf, so läßt sich entsprechend Bild 23 erkennen, daß sich mit nur 15% der Varianten in der Z-Klasse bereits 56% des Herstellkostenvolumens bzw. des Umsatzes erzielen lassen. Während rund 40% der Varianten nur in geringer Stückzahl verkauft werden, die insgesamt nur 11% des Umsatzes bringen.

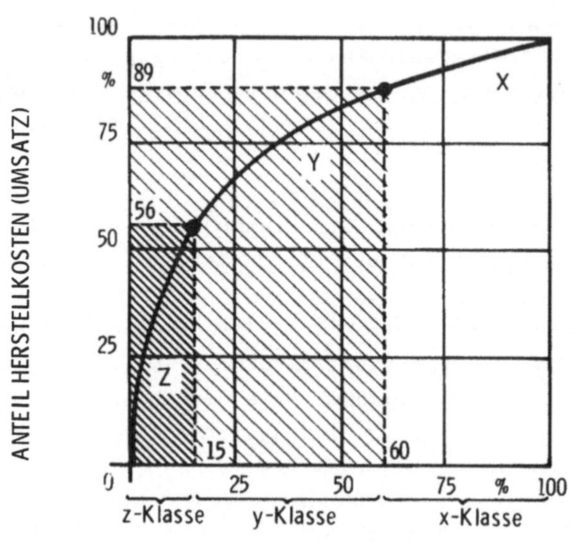

Bild 23: Anteile der Auftragsklassen am Herstellkostenvolumen (Umsatz)

Die Konsequenz, die sich hieraus entwickeln läßt, ist, die Varianten der X-Auftragsklasse drastisch zu reduzieren. Zwar bringt die Auftragsklassifizierung die notwendige Information hierfür, häufig werden jedoch Varianten der Z-Auftragsklasse nur unter der Voraussetzung gekauft, daß gleichzeitig X-Aufträge geliefert werden (Sonderausführungen).

Ausgehend von den Ergebnissen der Auftragsstrukturdifferenzierung lassen sich Lagerhaltungs- und Fertigungsstufen definieren (Bild 24):

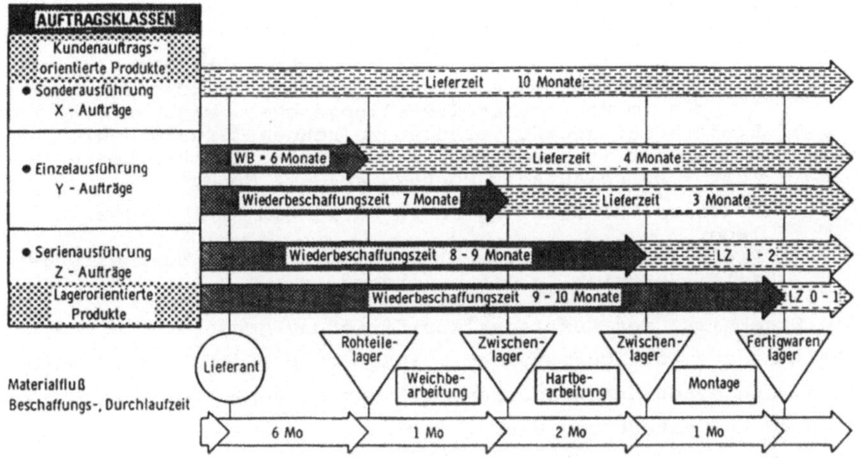

Bild 24: Darstellung eines differenzierten Fertigungs- und Lagerhaltungssystems für Auftragsklassen

a) S o n d e r a u s f ü h r u n g e n (X-Aufträge) werden auf keiner Stufe bevorratet. Vielmehr werden entsprechend dem Kundenauftrag Rohmaterial und Zukaufteile bestellt und die Produkte in der geplanten Stückzahl hergestellt.
Lieferzeit = Wiederbeschaffungszeit + administrative Bearbeitungszeit + Fertigungsdurchlaufzeit = 10 Monate

b) E i n z e l a u s f ü h r u n g e n (Y-Aufträge) werden auf 2 Stufen bevorratet:

1. Stufe: Rohmaterial wird bevorratet, da nach dieser Stufe eine hohe Produktstrukturverzweigung auftritt; von dieser Stufe (Identifikationspunkt) an werden die Aufträge kundenauftragsbezogen fertiggestellt. Ein Teil dieser Aufträge kann zur wirtschaftlichen Losgrößenbildung und gleichmäßiger Kapazitätsauslastung auf einer höheren Fertigungsstufe bevorratet werden.
Lieferzeit = administrative Bearbeitungszeit + Fertigungsdurchlaufzeit = 4 Monate

2. Stufe: Aufträge werden in einem Zwischenlager vor der Hartbearbeitung gelagert und von dort bedarfsorientiert abgerufen.
Lieferzeit (theoretisch) = administrative Bearbeitungszeit (Vertrieb) + Fertigungsdurchlaufzeit, Hartbearbeitung, Montage = 3 Monate

c) l a g e r o r i e n t i e r t e P r o d u k t e (Z-Aufträge) werden auf 2 Stufen bevorratet:

1. Stufe: Sie dient einerseits wirtschaftlichen Losgrößen in der Hartbearbeitung, andererseits der Bevorratung von Z-Typen im Montagebereitstellungslager, um über eine hohe Lieferbereitschaft verfügen zu können (Großkunden).
Lieferzeit (theoretisch) = administrative Bearbeitungszeit + Durchlaufzeit Montage = 1 - 2 Monate

2. Stufe: Bevorratung der Z-Varianten im Fertigwarenlager.
Lieferzeit (theoretisch) = administrative Bearbeitungszeit (Vertrieb) = 0,5 - 1 Monat.

Die Ergebnisse der Auftragsklassifizierung gehen in die Neugestaltung des Fertigungssystems, insbesondere der Lagerorganisation, und einen überwiegenden Teil der Aufgaben zur Produktionsplanung und -steuerung ein.
Für den Untersuchungsbereich werden insgesamt 4 Lagerstufen mit 4 Zwischenlagern und 2 Pufferlagern festgelegt. Im bisherigen System sind je Bearbeitungsfunktion je 1 Pufferlager und damit 7 Puffer- und 4 Zwischenlager eingerichtet.

Auswirkungen der Auftragsstrukturdifferenzierung auf die Ziele "Flexibilität" und "Reduzierung des Umlaufvermögens"

Die bisher im Unternehmen durchgeführte Bewirtschaftung geht davon aus, daß der überwiegende Teil der Varianten im Fertigwarenlager bevorratet wird. Die durchschnittliche Eindeckungszeit beläuft sich auf ca. 7 Monate, was zu einer hohen Kapitalbindung führt (100%). Trotz der hohen Vorräte verfügt das Unternehmen über eine geringe Flexibilität, da viele "Lagerhüter" die Höhe der Eindeckungszeit bestimmen.
Die Senkung des Umlaufvermögens kann mit Hilfe der Auftragsklassifizierung durch folgende Maßnahmen ereicht werden:

- X-Aufträge, die ca. 11% des Umsatzvolumens ausmachen und von Lagerhütern besonders betroffen sind, werden bedarfsorientiert gefertigt, d.h. für diese Varianten wird keine Lagerbevorratung vorgesehen.

- Y-Aufträge, die zu 33% zum Umsatzvolumen beitragen, werden am Rohmateriallager und Zwischenlager bevorratet. Dadurch fällt einerseits der Wertzuwachs von Weich- und/ oder Hartbearbeitung weg, die 73% bzw. 49% ausmachen. Durch die bedarfsorientierte Fertigstellung der Varianten, kann die Sortierung im Zwischenlager vor der Montage geändert werden. Insgesamt ergibt sich eine Verbesserung der Eindeckungszeit von 7 Monate auf 4,2 Monate.

- Bei Z-Aufträgen, die mit geringem Risiko bevorratet werden können, ergibt sich durch Verbesserung der Planungsinstrumentarien und -Methoden eine ähnliche Reduzierung der Eindeckungszeit auf 4,2 Monate.

Insgesamt kann das Umlaufvermögen, bezogen auf Fertigwarenlagerbestände (Umlaufbestände in der Fertigung sind nicht direkt herangezogen, sondern hochgerechnet) um 43% reduziert werden.

Im bisherigen Bewirtschaftungssystem lag die Reaktionszeit bei stochastisch auftretenden Absatzspitzen oder -einbrüchen in Höhe der Wiederbeschaffungs- und Fertigungsdurchlaufzeit bei rund 10 Monaten. In Ausnahmefällen werden Rohmaterial von geplanten Aufträgen umreserviert, was zu einer Reduzierung der Reaktionszeit um 6 Monate führt.
Im auftragsklassenorientierten Bewirtschaftungssystem bleibt für X-Aufträge, also 40% der Varianten, die Reaktionszeit des heutigen Systems. Für die Y-Aufträge erfolgt die Reduzierung um 6 - 7 Monate. Für Z-Typen bleibt die heutige Reaktionszeit, jedoch können hier gezielt Ausnahmefälle durch Umreservierung bei Überdeckung, zur Verkürzung der Reaktionszeit beitragen.
Bezieht man die Flexibilitätsbetrachtung auf die Anzahl der betroffenen Varianten, so ergibt sich mit der in Abschnitt 3.2.2 gewählten Definition ein Zuwachs von 46% der ursprünglich vorhandenen Flexibilität. Dabei wurde eine Abweichung des Lieferbereitschaftsgrades um + 10% zugrundegelegt; bei wesentlich höheren Abweichungen wird die Reaktionszeit bei Y-Aufträgen ansteigen.

6.3.2 Bildung von Produktionszellen durch Anwendung der Fertigungsablaufdifferenzierung

Für das Fallbeispiel wird die in Abschnitt 5.3 diskutierte Fertigungsablaufdifferenzierung für eine Baugruppe gewählt, die ca. 60% des Wertes eines Fertigerzeugnisses verkörpert, über weitaus die größte Variantenvielfalt und den größten Fertigungsaufwand mit einer hohen

D u r c h l a u f z e i t verfügt. Insgesamt konnten für die 500 Varianten 5 parallele P r o d u k t i o n s z e l l e n entwickelt werden /38/, die sich hinsichtlich des Teilespektrums und der eingesetzten Maschinen unterscheiden (Bild 25).

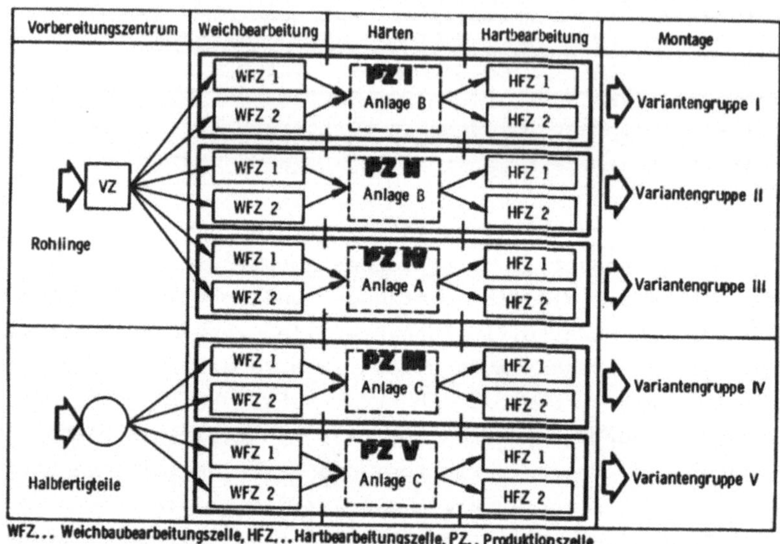

Bild 25: Ergebnis der Produktionszellenbildung

Zu jeder Produktionszelle gehören je 2 Weichbearbeitungszellen WFZ 1,2 (Drehen, Fräsen, Bohren) und je 2 Hartbearbeitungszellen HFZ 1,2 (Schleifen, Läppen). Zusätzlich wird eine bzw. zwei Produktionszellen einer Härtereianlage zugeordnet. Die Zuordnung zu Montagelinien und -gruppen ist direkt in Abhängigkeit des Variantenspektrums, das in der jeweiligen Produktionszelle bearbeitet wird, möglich. Damit ist die direkte Verknüpfung zwischen Teilbereichen des gesamten Fertigungsablaufs gegeben. Die gebildeten Zellen entsprechen den in Kapitel 3 und Anhang 1 entwickelten Funktionstypen zur Teilefertigung TF 5,6,7 und werden unterschiedlich ausgelegt:

- Bearbeitungszentrum für Sonderteile (X-Klasse),
- Maschinengruppe für Kleinserien,
- konventionelle Fertigungszelle (Y-Aufträge),
- flexibles Fertigungssystem für mittlere bis größere Serien (Z-Aufträge).

Ein weiteres Ergebnis der Differenzierung ist eine Trennung der Ablaufpfade von Variantengruppen, die aus Rohlingen und solchen, die aus Halbfertigteilen hergestellt werden. Da für die Rohlingsbearbeitung eine Reihe von Maschinen den Produktionszellen nicht direkt zuordenbar ist, wird ein sogenanntes Vorbearbeitungszentrum eingerichtet, das die Produktionszellen PZ I, PZ II, und PZ IV beliefert.
Betrachtet man beispielhaft die Hartbearbeitungszellen der Produktionszelle PZ I im Bild 26, so wird die Reduzierung der Ablaufpfade unmittelbar einsichtig.

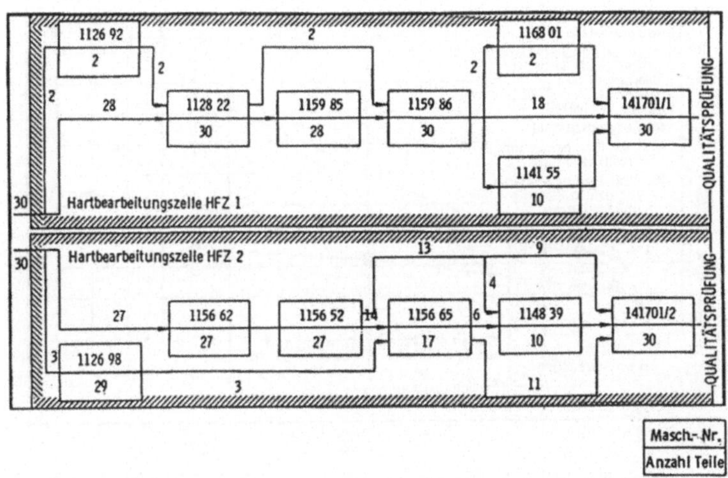

Bild 26: Beispielhafte Darstellung einer Hartbearbeitungszelle innerhalb Produktionszelle PZ I

In der Hartbearbeitungszelle sind drei Schleif- und zwei Läppmaschinen sowie eine Qualitätsprüfgruppe. Während rund die Hälfte der Teile nur einen Bearbeitungsvorgang benötigt, werden die anderen Teile auf 4 - 5 Maschinen fertig bearbeitet.
Insgesamt werden die ursprünglichen 249 unterschiedlichen Abläufe auf 132 standardisierte Abläufe vereinfacht. Wobei sich diese Zahl aus der kombinierten Weich- und Hartbearbeitung ergibt. Betrachtet man dagegen die in Bild 26 dargestellten Abläufe, so ergibt sich eine Anzahl von nur 11 Abläufen.

Da die Durchlaufzeitverkürzung die wichtigste Zielsetzung der Produktionszellenbildung ist, soll diese anhand des Fallbeispiels quantifiziert werden.

Auswirkung der Produktionszellenbildung auf das Ziel "Durchlaufzeitverkürzung"

Eine Durchlaufzeitanalyse vor und nach der Einführung der Produktionszellen, die mit Hilfe der Multi-Moment-Methode durchgeführt wurde, läßt folgende Interpretation zu (Bild 27):

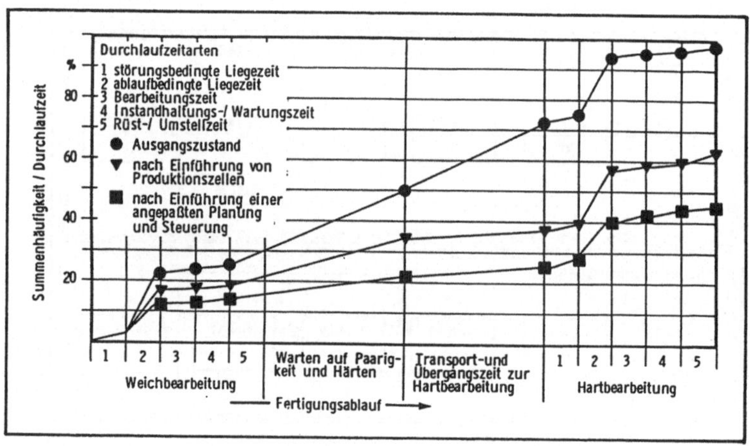

Bild 27: Vergleichende Darstellung der Durchlaufzeit vor und nach Einführung von Produktionszellen

Die Durchlaufzeit im Ausgangszustand setzt sich zu 80% aus ablaufbedingten Liegezeiten der Aufträge zusammen, die

- durch Übergangszeiten zwischen Fertigungsbereichen,
- durch das Warten von paarigen Teilen, die gemeinsam in der Hartbearbeitung hergestellt werden müssen (Maßtoleranz),
- durch hohe Warteschlangen vor den Maschinen zur Erzielung einer maximalen Kapazitätsnutzung (Bestandseffekt)

verursacht sind. Die Einrichtung nur einer Fertigungszelle, z.B. im Bereich der Weichbearbeitung erbringt einen geringen Beitrag zur Durchlaufzeitverkürzung. Nur durch die konsequente

Einführung der Produktionszellenfertigung wird die Durchlaufzeit um 40 bis 60% je nach Integration der Produktionszellen in das gesamte Produktionssystem reduziert. Nachteile der Produktionszellenbildung ist die Einschränkung von Freiheitsgraden zur Kapazitätsauslastung des Systems. Insbesondere bei sich stark änderndem Variantenspektrum kann die Produktivität durch mangelnde Kapazitätsauslastung eingeschränkt werden. Um diese Nachteile einzudämmen, sind erweiterte Organisationsprinzipien, wie Komplexzelle und Kaskadenprinzip entwickelt worden, die in /50/ ausführlich erläutert sind.

Die Abgrenzung standardisierter Fertigungsabläufe und die darauf basierende Produktionszellenbildung erfordert die Änderung der Aufbauorganisation innerhalb des Produktionssystems zu hybriden oder kollegial-überlappenden Aufbaustrukturen (Organisationstypen ABO 5,6). Voraussetzung für die Funktionsfähigkeit einer derart gestalteten Organisation ist die entsprechende Änderung der Ablauforganisation in der Produktionsplanung und -steuerung, sowie die Einrichtung eines dezentralisierten Informationssystems. Außerdem müssen die Arbeitsgruppen im Fertigungsablauf gegenseitig entkoppelt werden. Eine weitere Ausbaustufe dieser Organisationsform ist die Einrichtung einer Matrixorganisation für den Produktionsbereich. Diese Lösung ist in der Weise vorstellbar, daß einerseits die hohen technologischen Kenntnisse der Meister, z.B. für die Bearbeitungsfunktion "Drehen", über alle Zellen hinweg genützt werden könnten (Zeile der Matrix). Andererseits könnten die Funktionen der Produktionsplanung und -steuerung sowie die Personalführung jeweils auf eine Produktionszelle zugeordnet werden (Spalten der Matrix).

Die Pufferlager im Fertigungssystem sind so organisiert, daß jede Fertigungszelle über ein Lager verfügt. Die Vorteile dieser Lösung zeigt WILHELM /51/ am Beispiel einer Automobilfertigung. Die Senkung des Umlaufbestandes innerhalb der gesamten Produktionszelle dürfte schätzungsweise ebenso hoch wie das in der genannten Arbeit erzielte Ergebnis ausfallen,

nämlich 20% Senkung des Fertigungsumlaufbestandes. Voraussetzung hierfür ist die Erstellung einer Stücklistenstruktur mit Zwischen-Dispositionsstufen und die Einrichtung von Zählpunkten vor und nach jedem Arbeitssystem (Fertigungszelle).
Für die Montage ergibt sich durch die Zuordnung von Teilen des Zwischenlagers (Zentrallager) vor der Montage zu den einzelnen Produktionszellen für die Bereitstellungsorganisation ein Übergang vom bisherigen, rein auftragsorientierten Bringsystem (Funktionstyp MB 1) auf ein auftragsneutrales, verbrauchsorientiertes System (Funktionstyp MB 3und 4).
Durch die genannte Maßnahme kann der Aufwand für die M a t e r i a l b e r e i t s t e l l u n g um 65% reduziert werden /52/.

6.4 Bereitstellung der Aufgaben-Grundstruktur für ein Produktionssystem der Sortenfertigung

In Bild 28 sind die Aufgaben und deren sachliche und informatorische Verbindungen im Produktionssystem dargestellt. Für den F e r t i g u n g s p r o z e ß sind die Schnittstellen sowie der prinzipielle Materialfluß zu erkennen. Die in Kapitel 3 und 5 beschriebenen Modelle haben auf die Art der Aufgaben und die eingesetzten Methoden zur Aufgabendurchführung innerhalb der Grundstruktur einen entscheidenden Einfluß. Dieser ist je Aufgabe in der Darstellung jeweils getrennt für Organisations-, Funktions- und Strukturmodelle gekennzeichnet. Die schattierten Aufgabenblöcke werden im Zusammenhang mit der Entwicklung von Methoden ausführlich beschrieben.
Insgesamt läuft die P r o d u k t i o n s p l a n u n g und -s t e u e r u n g innerhalb des Produktionssystems für eine Sortenfertigung in mehreren Ebenen ab, die im folgenden erläutert werden.

6.4.1 Aufgaben der Produktionsprogrammplanung

Grundlage für die Produktionsprogrammplanung ist das A b s a t z p r o g r a m m des Vertriebes, das auf der Basis von Vergangenheitswerten für E r z e u g n i s g r u p p e n erstellt wird. Ausgehend vom Absatzplan wird eine Abstimmung zwischen Umsatzvorgabe, den Produktionszielen, sowie den Vertriebszielen in einer P r o g r a m m b e s p r e c h u n g vorgenommen. Der daraus abgeleitete Produktionsprogrammvorschlag wird mit der periodenbezogenen Verteilung des Kapazitätsangebotes (Idealverteilung) verglichen und gegebenenfalls korrigiert. Die I d e a l v e r t e i l u n g enthält die voraussichtlichen Mann-Stunden eines Jahres, wobei der durchschnittliche Fehlstand, Urlaub und Arbeitstage/Monat berücksichtigt sind.

Zeitlich verschoben um den Planungshorizont, der durch die Wiederbeschaffungszeit und Durchlaufzeit von Teilen und Materialien vorgegeben ist, werden in der P r i m ä r b e d a r f s-e r m i t t l u n g die Bedarfsstückzahlen für die V a r i-a n t e n eines zukünftigen Programmes prognostiziert. Diese werden mit den voraussichtlich bis zu diesem Zeitpunkt aufgelaufenen Lagerbeständen abgeglichen.

Da nicht sämtliche Varianten in einem Monat in wirtschaftlichen Losgrößen hergestellt werden können, wird eine Bedarfszusammenfassung mehrerer Perioden notwendig. Aufgrund des begrenzten Kapazitätsangebotes wird der K a p a z i t ä t s b e d a r f des Nettobedarfsprogramms mit der zukünftig voraussichtlich vorhandenen Kapazität abgeglichen und eine grobe K a p a z i-t ä t s b e l e g u n g für Subsysteme angeschlossen. Die M o n t a g e t e r m i n i e r u n g hat das Ziel, Liefertermine für Produktions- und Montageaufträge grob für einzelne Perioden festzulegen. Im ersten Schritt wird zunächst ohne Berücksichtigung von Kapazitätsschranken der terminliche Rahmen für die Auftragsabwicklung abgesteckt. Ausgehend von Fertigwarenlager-Eingangsterminen ermittelt man in einer Rückwärtsterminierung für jeden Auftrag die frühesten bzw. spätest möglichen Start- oder Fertigstellungstermine in der Montage. Innerhalb einer Periode werden die Montagetermine so zusammengelegt, daß ähnliche Varianten miteinander und eine gleichmäßige Kapazitätsauslastung in den Montagegruppen gegeben ist.

Ergebnis der Produktionsprogrammplanung ist ein Programm, das die Art und Menge sowie periodenbezogen die Montage- und Ferti-

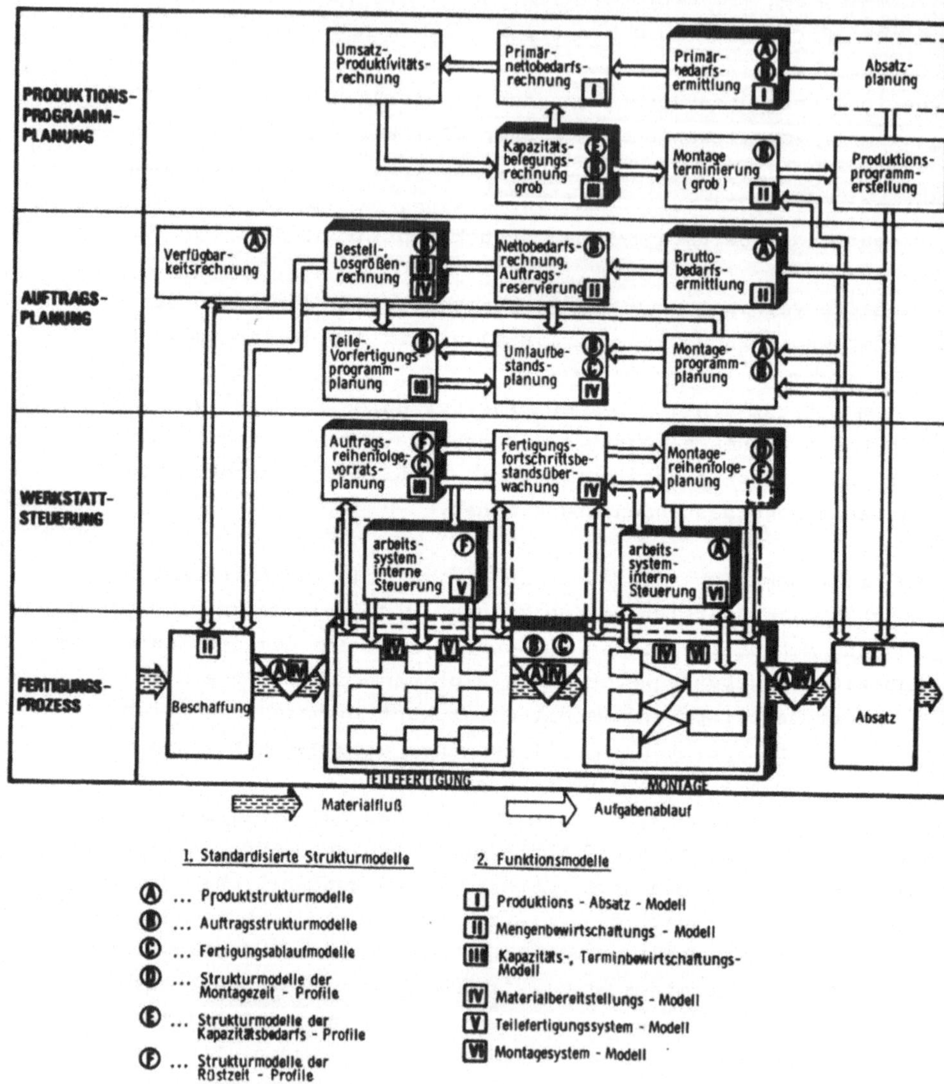

Bild 28: Aufgaben und deren Verbindungen innerhalb eines integrierten Produktionssystems für die Sortenfertigung (Aufgaben-Grund-Struktur)

gungstermine von Variantenaufträgen eines zukünftigen Programmes enthält. Die Planung kann einmalig für einen Bedarfsmonat, sinnvoll jedoch "rollierend" durchgeführt werden, damit Anpassungsmöglichkeiten von Bedarfsschwankungen während der Wiederbeschaffungszeit in Grenzen vorhanden sind.

6.4.2 Aufgaben der Auftragsplanung

Die Auftragsplanung läßt sich in 3 Hauptaufgaben unterteilen:

- Erstellung von Montageprogrammen (Montageprogrammplanung),
- Planung von Teile-, Vorfertigungs- bzw. Werkstattprogrammen,
- Erstellen eines Beschaffungsprogrammes,
- Überwachung dieser Programme.

Ausgehend von den Primärbedarfszahlen des Produktionsprogrammes wird für Baugruppen, Einzelteile sowie für das Rohmaterial der Bruttobedarf errechnet. Anhand der Daten der Vorlaufzeitverschiebung wird der Bedarfsmonat auf jeder Dispositionsstufe festgelegt. Anschließend werden in der Nettobedarfsrechnung die verfügbaren Bestände des Bedarfsmonats anhand der laufenden Fertigungsaufträge und Bestellungen mit dem Bruttobedarf abgeglichen. Die verbleibenden Nettobedarfe werden auf die Endvariantenaufträge bezogen reserviert.
Für Fremdbezugsteile wird die Beschaffungs-Losgröße errechnet und der Beschaffungs-Bestellvorschlag dem Einkauf zugeleitet. Für Eigenfertigungsteile werden für die Teilefertigung und Montage Losgrößen berechnet, die der folgenden Teile-, Vorfertigungsprogrammplanung und Montageplanung als grober Anhaltspunkt für die Verteilung von Bedarfsmengen auf Perioden und Kapazitäten dienen. Diese Losgrößen müssen im Rahmen der Umlaufbestandsplanung hinsichtlich ihrer Auswirkungen auf Umlaufbestandsmengen und deren Kosten geprüft und notfalls korrigiert werden. In der Umlaufbestandsplanung werden auch Vorratsaufträge eingeplant, die zur Erhaltung des Lieferbereitschaftsgrades ohne konkreten Bedarf vorgegeben werden.

Die Montageprogrammplanung ist für die fristgemäße Montage von Endprodukten entsprechend den zeitlichen und mengenmäßigen Vorgaben des Produktionsprogramms verantwortlich. Darüber hinaus muß für eine gleichmäßige Auslastung der Montagesysteme sowie für eine wirtschaftliche Montage gesorgt werden. Die Montageprogrammplanung geht von den Grobterminen und Mengen pro Variantenart der Montageterminierung aus. Nach diesen Vorgaben werden die Montagetermine innerhalb des Monats so festgelegt, daß

- ähnliche Aufträge terminlich zusammenliegen, um die Rüstkosten gering zu halten,
- eine Abstimmung zwischen Vor-, Endmontagesystemen und Pufferlagern zwischen den Systemen herbeigeführt wird,
- die Lieferterminvorgaben von Vertrieb und Versand in definierten Grenzen eingehalten werden.

Hierzu müssen die Aufträge den Montagesystemen zugeordnet werden, die vorhandene Kapazität mit der Kapazitätsbelastung verglichen und die Montageauftragsreihenfolge vorgegeben werden.

Eine Periode vor Montagebeginn wird je nach Verfügbarkeit von Baugruppen und Teilen, welche in einer Verfügbarkeitskontrolle überprüft wird, eine Umstellung der Reihenfolge und Festlegung des endgültigen Montageprogramms durchgeführt.

Die Teile- und Vorfertigungsprogrammplanung ist für das Auflegen von Fertigungsaufträgen in den einzelnen Fertigungssubsystemen verantwortlich. Der Auftragsplaner hat stets die Fertigungsstufe und das zu dieser Stufe zugeordnete Puffer- bzw. Zwischenlager im Zusammenhang zu betrachten. Seine Aufgabe besteht darin, bedarfsgerechte Aufträge für jede Fertigungsstufe zu bilden, wobei er die Ziele niedriger Bestände, gleichmäßiger Auslastung und wirtschaftlicher Fertigung zur Deckung bringen muß. Als Ausgangspunkt der Vorfertigungsplanung ist der Montagezeitpunkt (Periode) anzusetzen. Daraus wird eine Einplanung der einzelnen Aufträge auf die Fertigungseinrichtungen unter Beachtung der je Teil unterschiedlichen Fertigungsdurchlaufzeit und Kapazitätssituation, sowie die Abhängigkeit von Einflußgrößen wie Umlaufbestandsplanung und Losgröße abgeleitet. Sofern die vorhandene Kapazität den Kapazitätsbedarf nicht decken kann, muß eine Umverteilung von Aufträgen auf andere Fertigungseinheiten oder ein Vorziehen des Auftragstermins angestellt werden. Ergebnis der Vorfertigungsterminplanung ist die Vorgabe von terminlich und kapazitätsmäßig abgeglichenen Programmen, welche die Vorgabe eines Auftragsvorrats getrennt für einzelne Werkstätten, Anlagen oder Arbeitssysteme enthalten.

6.4.3 Aufgaben der Werkstattsteuerung

Die Werkstattsteuerung läßt sich in die zwei Bereiche - Betriebssteuerung und arbeitssysteminterne Steuerung aufteilen.

Die B e t r i e b s s t e u e r u n g gibt ausgehend vom Montageprogramm der Auftragsplanung detaillierte Pläne mit T a g e s t e r m i n e n jeweils getrennt für Vor- und Endmontagesysteme z.B. für eine Woche aus. Zuvor wird eine physische Verfügbarkeitsprüfung von Baugruppen und Teilen veranlaßt. Entsprechend den Montageterminen wird der B e s c h i c k u n g s p l a n für die Materialbereitstellung abgeleitet und in Abhängigkeit von der Montageausbringung korrigiert.
Ausgehend von Vorfertigungs- oder Montageprogrammen wird die endgültige Auftragsreihenfolge von der s y s t e m i n t e r n e n S t e u e r u n g festgelegt und die Arbeitsvorgangsterminierung angeschlossen. Die Arbeitsvorgangsterminierung hat das Ziel, innerhalb der vom Auftragsvorrat vorgegebenen Grenzen die Start- und Fertigstellungstermine der Arbeitsgänge je Maschine oder Maschinengruppe festzulegen. Das Ziel hierbei ist, prioritätsgerecht Aufträge an die nächste Stufe zu liefern, die Kapazität möglichst gleichmäßig hoch auszulasten und die geforderte Produktivität zu erbringen. Die einmal festgelegten Termine werden nur dann verschoben, wenn aufgrund von Störungen z.B. bei einer fehlenden Verfügbarkeit von Material, Personal oder Werkzeugen die Veränderung der Arbeitsvorgangsfolge durch Auswahl von Fertigungsalternativen notwendig wird. Gemeinsam mit der Arbeitsgangterminierung kann eine Personaleinsatzplanung angestellt werden.

6.4.4 Funktionelle Verbindung von Aufgaben der Werkstattsteuerung und Auftragsplanung

Besonders wichtig für die Funktionsfähigkeit der Aufgabenbereiche bei Sortenfertigung ist die Verbindung von Werkstattsteuerung und Auftragsplanung zur S t e u e r u n g und Ü b e r w a c h u n g des Produktionssystems. Die funktionalen Verbindungen und Schnittstellen zwischen den Aufgabenbereichen lassen sich mit einem Regelkreissystem darstellen (Bild 29).

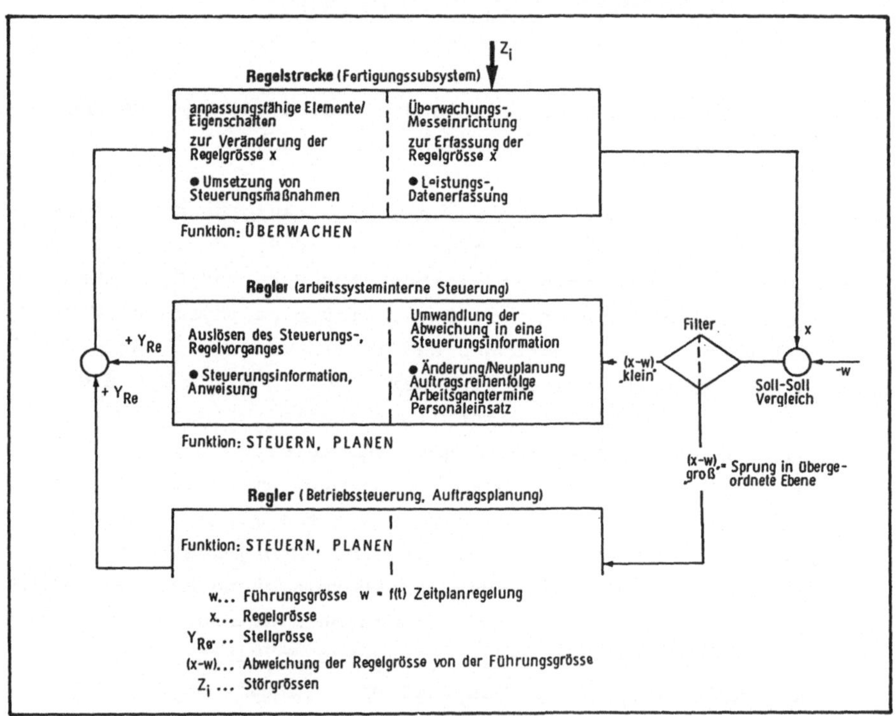

Bild 29: Darstellung der Werkstattsteuerung als Regelkreissystem

Die Regelstrecke "Fertigungssubsystem" ist gekennzeichnet durch die Führungsgröße F e r t i g u n g s p r o g r a m m (Zeit-Mengen-Relation) und durch die laufende Überwachung der Ist-Leistung. Störgrößen wie Maschinenausfall, Fehlstand, mangelnde Verfügbarkeit usw. werden analysiert und deren zeitliche Auswirkung

quantifiziert.
Die V e r g l e i c h s s t e l l e dient dem Soll-Soll-Vergleich der Planleistungsvorgaben (z.B. Auftragsvorrat) mit dem "hochgerechneten" Ist-Leistungsstand. Das F i l t e r im Regelkreis dient der Bewertung der Störungsauswirkung. Der Sprung von der arbeitssysteminternen Steuerung zur Betriebssteuerung und von der Betriebssteuerung zur Auftragsplanung wird jeweils davon bestimmt, welche Toleranzgrenze im Auftragsvorrat vorgegeben ist und welche zeitliche Reichweite der Puffer zwischen zwei Fertigungssubsystemen hat.
Dementsprechend werden Störungen unterschiedlicher Ordnung definiert:

- Störungen erster Ordnung haben keine Auswirkungen auf andere Funktionsbereiche im Fertigungsprozeß, die Lieferfähigkeit des Systems bleibt erhalten, d.h. der Regelungsvorgang wird auf der Ebene der Werkstattsteuerung ausgeführt.

- Störungen zweiter Ordnung haben Auswirkungen auf vor- und nachgelagerte Systeme und können nicht mehr vom System kompensiert werden. Differenzen können von der Betriebssteuerung durch geänderte Reihenfolgeplanung, Kapazitätsabgleich o.ä. ausgeglichen werden, die Lieferfähigkeit des Fertigungssystems wird nicht beeinträchtigt.

- Störungen dritter Ordnung haben Auswirkungen auf die Lieferfähigkeit des Fertigungssystems und müssen gemeinsam von Auftragsplanung, Betriebssteuerung und Vertrieb analysiert werden; ggf. ist eine Neuplanung einzuleiten.

Der R e g l e r der jeweiligen Ebene steht für das R e a k t i o n s s y s t e m, d.h. in diesem Bereich wird auf Abweichungen des Soll-/Sollvergleichs reagiert. Davon betroffen sind Aufgaben wie die Auftragsreihenfolgeplanung, Arbeitsgangterminierung, Auftragsvorratsbildung und Kapazitätsanpassung.

Um das operative Produktionsplanungs- und steuerungssystem nach dem genannten Regelkreissystem mit Erfolg zu gestalten, müssen entsprechende Organisationsmodelle zur Aufbauorganisation und Werkstattsteuerung eingeführt werden (siehe Kapitel 3 und Anhang 1). Diese setzen Anforderungen an die Gestaltung des Fertigungssystems voraus, womit die Notwendigkeit einer integrativen Abstimmung der Organisationsmodelle wiederum deutlich zum Ausdruck kommt.

Zur A u f b a u o r g a n i s a t i o n werden zweckmäßig die in Abschnitt 6.3.2 genannten organischen Strukturen eingerichtet. Die W e r k s t a t t s t e u e r u n g wird vorteilhaft nach dem Prinzip der "Selbststeuerung" aufgebaut werden. Beide zeigen nur dann Erfolg, wenn die Fertigungssubsysteme kleine, abgegrenzte Einheiten sind, die beispielsweise die Produktionszellenbildung gestattet.

Die entscheidende Maßnahme zur Aufgabendurchführung ist die Entwicklung und Auswahl von Methoden, die eine Integration von Aufgaben in die Ablauforganisation zur Gesamtoptimierung des Produktionssystems gewährleisten.

7. GESTALTUNG DER PRODUKTIONSPLANUNG UND -STEUERUNG DURCH ENTWICKLUNG UND INTEGRATION VON METHODEN

7.1 Methoden zur Produktionsprogrammplanung mit Dispositionsspielräumen

7.1.1 Lösungskonzepte für die Prognoserechnung zur Primärbedarfsermittlung

Die gravierenden Probleme des untersuchten Unternehmens liegen in der Unregelmäßigkeit der Absatzverläufe, die insbesondere durch die hohe Variantenvielfalt verursacht ist. Dies hat zur Folge, daß eine annähernd genaue Vorhersage der zukünftigen Absatzsituation besonders schwierig ist. Eine Möglichkeit, dieses Problem zu beseitigen, ist die Herabsetzung des Planungshorizontes für die Durchführung der Produktionsprogrammplanung. Dies wird teilweise durch die Einführung der *auftragsklassenbezogenen* Produktionsplanung erreicht. Während X-Aufträge bedarfsorientiert gefertigt werden, müssen für Y- und Z-Aufträge weiterhin Rohmaterialien, Teile und Fertigprodukte auf unterschiedlichen Fertigungsstufen bevorratet und damit geplant werden. Wichtig für die Planung ist, daß der zukünftige Bedarf verhältnismäßig genau vorhergesagt werden kann. Für das Fallbeispiel wurden Untersuchungen über die Erhöhung der Prognosegenauigkeit durch "*höhere*" Prognoseverfahren angestellt. Unter diesen Verfahren sind sogenannte *autoregressive* Zeitreihen-Prozesse zu verstehen, die über die einfachen Prognoseverfahren hinaus den Fehler vergangener Planungsperioden mit in die Betrachtung des zukünftigen Absatzverlaufs aufnehmen /53/. Um den Rahmen dieser Arbeit in Grenzen zu halten, wird auf die Erklärung zu den einzelnen Verfahren verzichtet und auf die entsprechende Literatur verwiesen /54/. Da die Prognose für die Primärbedarfsermittlung von zentraler Bedeutung ist, werden im folgenden einige Ergebnisse der obengenannten Untersuchungen aufgezeigt.

Insgesamt kann durch den Einsatz autoregressiver Verfahren der Prognosefehler um 10 - 20% je nach Art der Absatzschwankungen reduziert werden. Durch die Senkung von zu hoch berechneten

Prognosewerten kann der F e r t i g w a r e n l a g e r b e s t a n d abgebaut werden. Durch eine weitgehende Vermeidung von zu niedrig liegenden Prognosewerten kann die Lieferbereitschaft konstant gehalten und Fehlmengenkosten vermieden werden.

Den Vorteil einer Prognose von Einzelvarianten bei Z-Aufträgen und Y-Aufträgen, deren Bedarf anhand des Rohmaterialbedarfs festgelegt wird, läßt sich aus Bild 30 anhand der Summenhäufigkeit von Variationskoeffizienten ableiten.

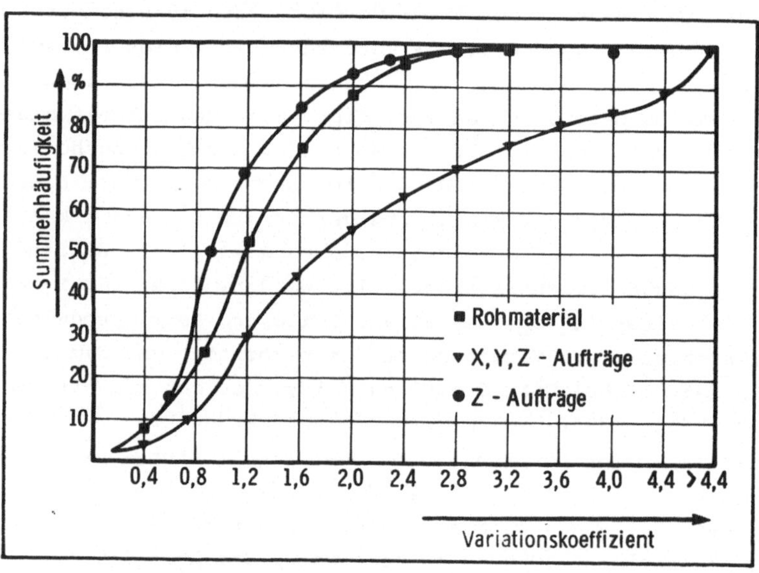

Bild 30: Summenhäufigkeit der Variationskoeffizienten des Absatzverlaufs von Z- und Y-Aufträgen (Rohmaterial)

Ein Variationskoeffizient um oder unter 1 gibt Hinweise auf schwach streuende Absatzzahlen und damit ein höheres Maß an Prognosegenauigkeit. Der Vergleich läßt erkennen, daß ohne Auftragsklassifizierung ein Großteil der Absatzzahlen wesentlich über einem Variationskoeffizienten von 2 läge. Das Maximum der Absatzzahlen für Z- und Y-Aufträge liegt dagegen zwischen 1,0 und 1,6.

7.1.2 Definition von Dispositionsspielräumen im Rahmen der Primärbedarfsermittlung

Die Primärbedarfsermittlung mit Dispositionsspielräumen umfaßt neue Methoden zur Quantifizierung des Sicherheitsbestandes. In den meisten, in der Praxis eingesetzten Systemen erfolgt die Festlegung des Sicherheitsbestandes nach statischen Gesichtspunkten, wobei von der Verteilung der Verbrauchswerte VW_{VA} bzw. deren Standardabweichung s und dem Soll-Lieferbereitschaftsgrad LBG_s ausgegangen wird. Darüberhinaus wird im allgemeinen eine einmalige Rechnung durchgeführt und trotz Veränderungen der Nachfrage das Produktionsprogramm in der einmal festgelegten Menge auch produziert.
Da die Standardabweichung von der jeweiligen Verteilung der Verbrauchswerte abhängt, ergeben sich,über den Planungshorizont betrachtet, Abweichungen im Lieferbereitschaftsgrad. Diese Abweichungen führen zu Überbeständen im Fertigwarenlager oder zu Unterlieferungen des Marktes.
Um dies zu umgehen, werden hier in der Primärbedarfsermittlung Dispositionsspielräume für jede Variante festgelegt, die sich bei der Bruttobedarfsermittlung im Rahmen der Auftragsplanung in gezielten Bevorratungsmaßnahmen niederschlagen. Innerhalb einer Variantengruppe wird die Substituierbarkeit von Gleich- und Mehrfachverwendungsteilen (Überdeckungsart, -grad) ausgenutzt. Aus diesem Grund ist die Produktstrukturdifferenzierung eine geeignete Datenbasis für diese Methode.

Die Vorgehensweise der Methodenentwicklung wird im folgenden erläutert (Bild 31):
Zum Planungszeitpunkt 0 wird von der Prognoserechnung der zukünftige Bedarf MIW_{VA} vorgegeben (Schritt 1). Zur Überbrückung von Nachfrageschwankungen müssen auf diesen Wert Sicherheitszuschläge aufgeschlagen werden.

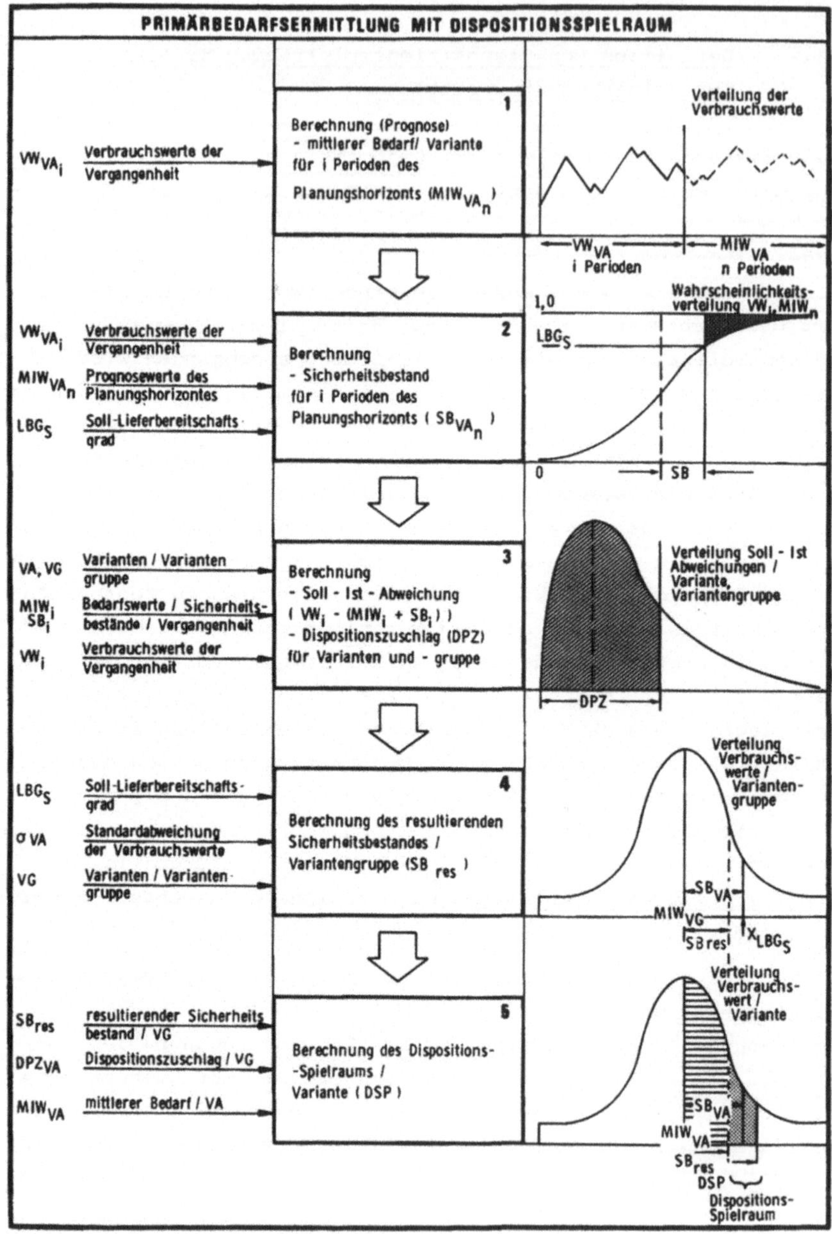

Bild 31: Methodenablauf zur Primärbedarfsermittlung mit Dispositionsspielräumen

Der Primärbedarf mit Dispositionsspielraum setzt sich zusammen aus (Bild 32 - linke Seite):

$$PBD_{VA} = MIW_{VA} + SB_{VA} + DSP_{VA}$$

PBD_{VA}...Primärbedarf mit Dispositionsspielraum (Stück)

MIW_{VA}...prognostizierter Bedarf (Stück)

SB_{VA}...Sicherheitsbestand (Stück)

DSP_{VA}...Dispositionsspielraum (Stück)

Nach Vorgabe des Soll-Lieferbereitschaftsgrades durch die Unternehmensleitung wird der Sicherheitsbestand SB_{VA} pro Variante festgelegt (Schritt 2).

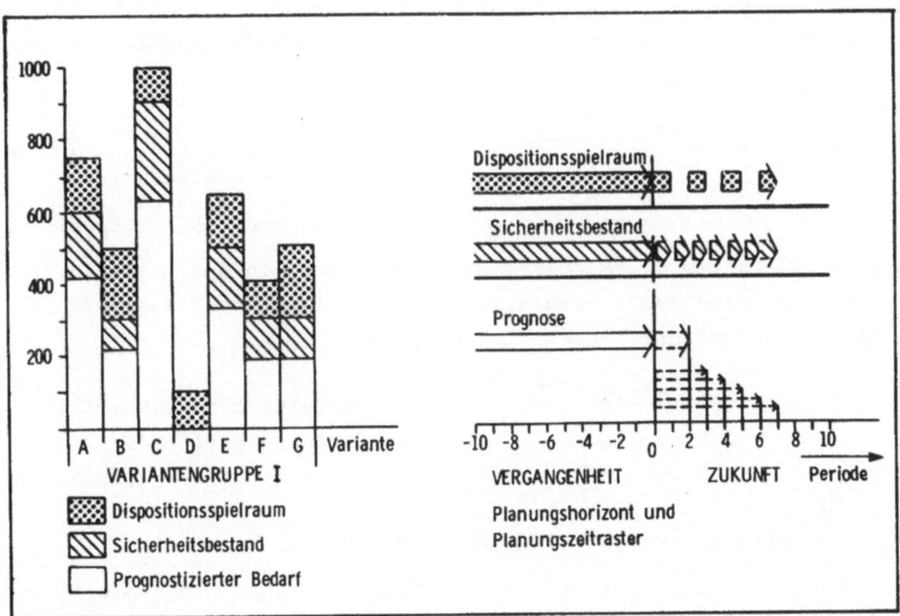

Bild 32: Mengen- und Zeitaspekte für Planungsvorgänge der Primärbedarfsermittlung mit Dispositionsspielräumen

Der Lieferbereitschaftsgrad ist definiert als die Wahrscheinlichkeit, daß die Nachfrage einen bestimmten Wert nicht überschreitet. Diese Definition folgt einer ereignisbezogenen Betrachtungsweise. Der Berechnung des Sicherheitsbestandes liegt

die Verteilung von Nachfragewerten zugrunde, wobei zu ihrer Ermittlung neben den Verbrauchswerten der Vergangenheit, zusätzlich die laufenden Prognosewerte innerhalb des Planungshorizontes mit aufgenommen werden (Bild 32 - rechte Seite). Dies bringt insbesondere bei trend-behafteten Nachfrageverläufen eine höhere Genauigkeit. Insgesamt wird von der Gültigkeit einer Normalverteilung ausgegangen.
Der Sicherheitsbestand wird dann nach folgender Gleichung berechnet:

$$SB_{VA} = x_{LBG_s} - \bar{x}$$

Wobei x_{LBG_s} der obere Grenzwert bei definiertem Lieferbereitschaftsgrad ist:
Mit der ermittelten Wahrscheinlichkeitsverteilung Φ, der Normalverteilung $N(\bar{x},s)$ mit dem Mittelwert x und Standardabweichung s, wird x_{LBG_s} berechnet:

$$x_{LBG_s} = \Phi^{-1} \cdot \frac{LBG_S}{100}$$

x_{LBG_S}...oberer Grenzwert der Verteilung Φ bei definiertem Lieferbereitschaftsgrad LBG_s (Stück)

Da nur Werte für die Standardnormalverteilung in der Literatur tabelliert sind /33/, wird eine Transformation von $N(\bar{x},s)$ auf $N(0,1)$ durchgeführt, wobei allgemein aus:

$$x_{N(0,1)} = \frac{x_{N(x,s)} - \bar{x}}{s}$$

$\bar{x}$...Mittelwert der Verteilung
s...Standardabweichung

folgt

$$x_{N(\bar{x},s)} = x_{N(0,1)} \cdot s + \bar{x}$$

Für den Sicherheitsbestand ergibt sich daraus:

$$SB_{VA} = x_{N(0,1)} \cdot s$$

$x_{N(0,1)}$...Faktor aus Tabelle

vereinfacht: $x_{N(0,1)} \mathrel{\hat{=}} K_{LBG_s}$

K_{LBG_s} ...Faktor aus N(o,1) Verteilung bei definiertem LBG_s

$$SB_{VA} = K_{LBG_s} \cdot s_{VA}$$

Zur Ermittlung des D i s p o s i t i o n s z u s c h l a g e s in Schritt 3 werden die Abweichungen der tatsächlichen Nachfragewerte VW_{VA} von dem festgelegten Primärbedarfswert PB_{VA} jeweils bezogen auf die der Prognose zugrundeliegenden Vergangenheitsperioden herangezogen. Der Dispositionszuschlag ergibt sich aus dem Mittelwert der Differenzen von VW_{VA} und PB_{VA} für die einzelnen Perioden:

$$DPZ_{VA} = \frac{1}{n} \sum_{i=1}^{n} VW_{VAi} - (MIW_{VAi} + SB_{VAi})$$

DPZ...Dispositionszuschlag (Stück)
n...Anzahl betrachteter Perioden
VW_{VAi}...Verbrauchswerte je Variante (Istwerte) der Periode i (Stück)
MIW_{VAi}...Prognosewert je Variante in der Periode i (Stück)

Diese Berechnung wird jeweils getrennt für E i n z e l v a r i a n t e n und V a r i a n t e n g r u p p e n durchgeführt. Bezogen auf eine Variantengruppe wird anschließend (Schritt 4) der resultierende Sicherheitsbestand/Variantengruppe errechnet:

$$SB_{res} = K_{LBG_s} \cdot \sqrt{s^2_{VA1} + s^2_{VA2} + \ldots + s^2_{VAn}}$$

Die Differenz aus dem Sicherheitszuschlag, Dispositionszuschlag und dem resultierenden Sicherheitsbestand stellt den D i s p o s i t i o n s s p i e l r a u m dar (Schritt 5):

$$DSP_{VA} = SB_{VA} + DPZ_{VA} - SB_{res}$$

DSP...Dispositionsspielraum (Stück)

Demnach ergibt sich für jede Einzelvariante ein unterschiedlich hoher Dispositionsspielraum, dessen Untergrenze jedoch einheitlich durch den resultierenden Sicherheitsbestand vorbestimmt ist.

Für das vorliegende Fallbeispiel wurde die beschriebene Methode anhand mehrerer Varianten getestet. Das Ergebnis bringt eine um durchschnittlich 12% bessere Anpassung des Primärbedarfs an den Nachfrageverlauf. Der Nutzen ist eine wesentliche Reduzierung der Fertigwarenlager-Bestände.

Die Effektivität des Verfahrens hängt jedoch ganz wesentlich von der Produktstruktur ab und wird im Rahmen der Bruttobedarfsermittlung in Abschnitt 7.3 erst vollständig sichtbar.

7.1.3 Kapazitätsbelegungsrechnung im Rahmen der Produktionsprogrammplanung

Die Kapazitätsbelegungsrechnung mit den hier entwickelten Methoden bezieht sich auf Produktions- und Fertigungszellen und läuft entsprechend der in Bild 33 gezeigten Vorgehensweise ab. Im Anschluß an die Primärbedarfsermittlung und die Festlegung des Dispositionsspielraumes wird die Netto-Bedarfsermittlung für den Primärbedarf durchgeführt. Für die Varianten, die einen Netto-Bedarf aufweisen (Aufträge), wird erneut eine Produktstrukturdifferenzierung nach dem in Abschnitt 5.1 skizzierten Ablauf angeschlossen. Bezogen auf die Varianten und aufgelöst nach Teilen, welche in einer abgegrenzten Produktions- und Fertigungszelle (Subsysteme) gefertigt werden, wird die Kapazitätsbelegungsrechnung, auch bezogen auf diese Bereiche, durchgeführt. Zuvor wird in Abhängigkeit des Bedarfsmonates eine Vorlaufzeitverschiebung für jede Fertigungsteilstufe (Fertigungszelle) innerhalb der Produktionszelle angestellt.
Als Datenbasis dient die in Abschnitt 5.5 durchgeführte Differenzierung von Kapazitätsbelastungs-Profilen. Das Produktionsprogramm wird in das mit diesem Verfahren aufgestellte Gleichungssystem (Substitutionsgleichungen) eingegeben. Kommt es aufgrund des vorgegebenen Programms zu Überlastungen der Kapazität, so weisen die Mengengleichungen die Variante aus, die Hauptverursacher der Überlastung ist ($x<0$). Nun muß geprüft werden, ob der Kapazitätsabgleich mit einer Variante der betreffenden Variantengruppe oder einer Ersatzvariantengruppe durchgeführt wird. Dazu müssen Auftragsprioritäten vergeben werden, die sich auf die Auftragsmenge, Überdeckungsart oder die Höhe des Dispositionsspielraums u.a. beziehen können.

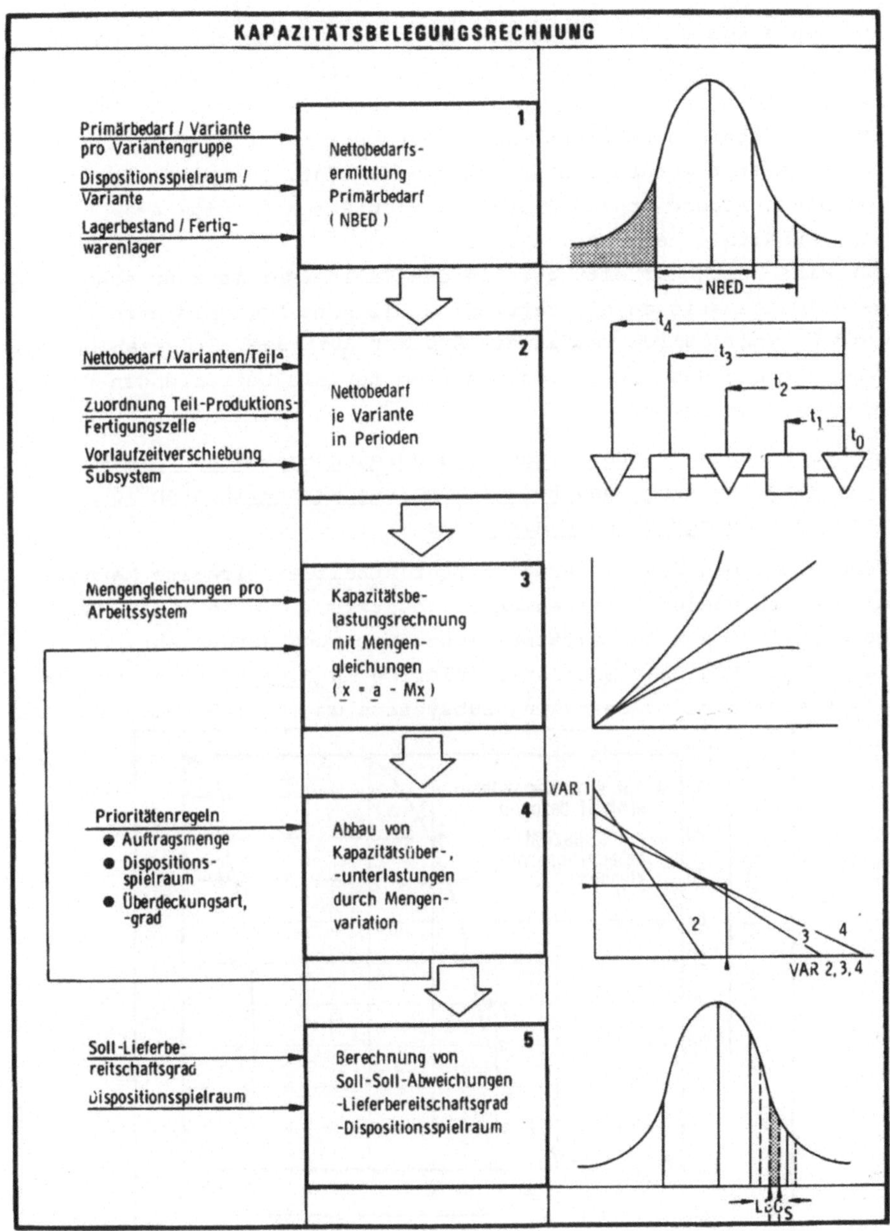

Bild 33: Methodenablauf Kapazitätsbelegungsrechnung

Bei den ausgewählten Varianten werden die Stückzahlen (Mengen) so lange mit Hilfe der Substitutionsgleichungen variiert, bis zwischen den Variantengruppen kapazitätsbedarfsgerechte Stückzahlverhältnisse bestehen. Bei einer Unterlastung der Kapazität werden die Stückzahlen erhöht. Insgesamt läuft der beschriebene Prozeß iterativ ab, bis ein "optimales" Stückzahlverhältnis hergestellt ist.
Für eine Weichbearbeitungszelle des Fallbeispiels kann schon nach 10 Iterationen ein zufriedenstellendes Ergebnis erreicht werden. Schließlich werden die Art der Aufträge, Stückzahlen pro Variante und das Fertigungssubsystem für die betreffenden Perioden fest definiert.

Auswirkungen der Kapazitätsbelegungsrechnung auf die Ziele "Kapazitätsnutzung" und "Reduzierung von Herstellkosten" durch Verminderung des Planungsaufwandes

Vergleicht man die im Rahmen dieser Arbeit entwickelte Methode mit der in vielen Unternehmen eingesetzten, die eine Engpaßkapazität zur Kapazitätsbelegungsrechnung heranzieht, so lassen die Ergebnisse einer Simulation in Bild 34 erkennen, daß die Auslastung der Fertigungssubsysteme um ca. 14% höher liegt.

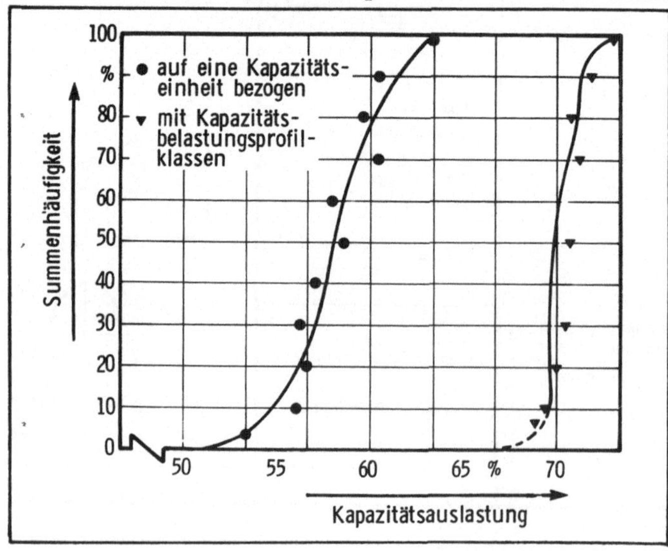

Bild 34: Vergleichende Darstellung von Methoden der Kapazitätsbelastungsrechnung im Hinblick auf ihren Beitrag zur Kapazitätsnutzung

Dies verdeutlicht die Tatsache, daß der N e t t o - B e d a r f bei konventionellen Verfahren zu g e r i n g angesetzt wird und zusätzliche Aufträge im Rahmen der Auftragsplanung "eingeschleust" werden müssen. Da diese Aufträge keinen Primärbedarf aufweisen, müssen Teile und Produkte bevorratet werden, sofern deren Fertigungsmaterialien überhaupt verfügbar sind. Dies führt zu unnötigen Beständen und Kapitalbindung im Vorratsvermögen und zu Eilbestellungen, während wichtige Aufträge aufgrund eines v e r m e i n t l i c h e n Kapazitätsengpasses zurückgestellt werden.
Die beschriebene Methode zeichnet sich insbesondere dadurch aus, daß sie sehr einfach zu handhaben ist, keine Fertigungsplandaten oder umfangreiche Datenbankabfragen benötigt und trotzdem hinreichend genau ist. Dies führt zu einer beträchtlichen Aufwandseinsparung in der Produktionsprogrammplanung.

7.1.4 Zeitlicher Ablauf der Produktionsprogrammplanung

Jeweils zu Beginn einer Periode wird für den Planungshorizont eine Prognoserechnung durchgeführt (vergl. Bild 33). Anschließend wird der Sicherheitsbestand und der Dispositionsspielraum berechnet. Danach folgt für den Nettobedarf die Kapazitätsbelegungsrechnung und der Mengenabgleich. Zur Korrektur des Primärbedarfs wird der Dispositionsspielraum erhöht, falls die mit der Kapazität abgeglichene Stückzahl unterhalb der als Netto-Dispositionsspielraum ausgewiesenen Menge liegt. Ist der Wert darüber, so wird der Dispositionsspielraum reduziert und die Restmenge dem Sicherheitsbestand zugeschlagen. Ergebnis der wiederholten Planung ist die Festlegung von Bedarfswert, Sicherheitsbestand und endgültigem Brutto-Dispositionsspielraum.
Ein Monat v o r dem B e d a r f s m o n a t werden die Planungsvorhaben der Produktionsprogrammplanung mit den tatsächlichen Bedarfszahlen (Kundenaufträge) verglichen. Im Rahmen einer N e t t o - B e d a r f s e r m i t t l u n g werden aufgelaufene Lagerbestände mit dem Ist-Primärbedarf abgeglichen. Für den Netto-Bedarf wird jeweils eine V e r f ü g b a r k e i t s k o n t r o l l e der Variantenteile durchgeführt, wobei nur bis zur oberen Grenze, die durch den Dispositions-

spielraum festgelegt ist, eine Stückzahlsubstitution zwischen den Varianten einer Variantengruppe durchgeführt werden kann. Für Gleich- und Mehrfachverwendungsteile wird, auf Variantenaufträge bezogen, eine M a t e r i a l r e s e r v i e r u n g angeschlossen.

7.2 Methoden zur Auftragsplanung

7.2.1 Brutto-Bedarfsrechnung mit Dispositionsspielräumen

Ausgehend von dem im Rahmen der Produktionsprogrammplanung festgelegten D i s p o s i t i o n s z u s c h l a g werden, getrennt für die Gleich-, Mehrfachverwendungs- und Variantenteile, sowie unter Berücksichtigung der Anzahl von Teilen einer Teileart für eine Variante, Methoden für die Bedarfsrechnung eingeführt.

a. Mengenplanung für Varianten- und Gleichteile

Bei V a r i a n t e n t e i l e n können keine Überdeckungen ausgenutzt werden. Damit ergibt sich als notwendige Bedingung für die Dispositionshöhe dieser Teileklassen der Zusammenhang:

$$BED_{VTi} = BED_{LBG_s} + DPZ$$

BED_{VTi} ...Bedarf für Variantenteil i (Stück)

BED_{LBG_s} ...Bedarf bei Soll-Lieferbereitschaft (Stück)

DPZ ...Dispositionszuschlag (Stück)

Der Zusammenhang zeigt, daß die Variantenteile in v o l l e r H ö h e des Dispositionszuschlags angelegt werden müssen. Daraus läßt sich ableiten, daß das vorliegende Dispositionsverfahren nur bei Produkten mit relativ geringem Anteil an Variantenteilen - mengen- und wertmäßig - anwendbar ist.

Bei den G l e i c h t e i l e n kann der Überdeckungsgrad voll ausgenutzt werden (UEG = 1,0). Für die Dispositionshöhe dieser Teileklasse ergibt sich folgender Zusammenhang:

$$BED_{GTi} = BED_{LBG_s} + SB_{LBG_s} - SB_{res}$$

BED_{GTi} ...Bedarf für Gleichteil i (Stück)

SB_{LBG_s} ...Sicherheitsbestand bei Soll-Lieferbereitschaftsgrad (Stück)

SB_{res}...resultierender Sicherheitsbestand mit Berücksichtigung von Überdeckungen (Stück)

b. Mengenplanung für Mehrfachverwendungsteile o h n e Berücksichtigung der Teileanzahl

Zur Bedarfsermittlung von M e h r f a c h v e r w e n d u n g s t e i l e n, bei der die Vorteile von Dispositionsspielräumen umgesetzt werden, sind Ausprägungen der Kriterien

- Überdeckungsart,
- Überdeckungsgrad,
- Anzahl verwendeter Teile pro Teileart und Variante

zu berücksichtigen (vgl. Produktstrukturdifferenzierung Abschnitt 5.1).

Der Dispositionsspielraum liegt hier zwischen den Extrema des Überdeckungsgrades 0 und 1. Damit ergibt sich die Dispositionshöhe eines Mehrfachverwendungsteils:

$$BED_{MVTi} = BED_{LBG_s} + DPZ - DSP_{MVTi}$$

wobei

$$DSP_{MVTi} = (1 + UEA_i \cdot UEG_i) \; (MIW_{VA} + SB_{res})$$

BED_{MVTi}...Bedarf für Mehrfachverwendungsteil i (Stück)

DSP_{MVTi}...Dispositionsspielraum für Mehrfachverwendungsteil i (Stück)

UEA_i ...Überdeckungsart Teil i (-)

UEG_i ...Überdeckungsgrad Teil i (-)

MIW_{VA} ...Mittlerer Bedarf für Variante (Stück)

c. Bedarfsermittlung von Mehrfachverwendungsteilen m i t Berücksichtigung der Teilezahl

Eine weitere Maßnahme zur Bestellmengenreduzierung und Teilebevorratung ist eine Berechnungsgrundlage, die auf die Anzahl von in einer Produktvariante verwendeten Teile je Teileart bezogen ist. Der Algorithmus zur Mengenplanung gliedert sich in mehrere Schritte und ist in Bild 35 anhand eines Beispiels dargestellt.

Die Aufstellung der Stückzahlmatrix erfolgt jeweils auf eine P r o d u k t s t r u k t u r k l a s s e bezogen. In der Primärbedarfsmatrix werden für jede Produktvariante der Programm-

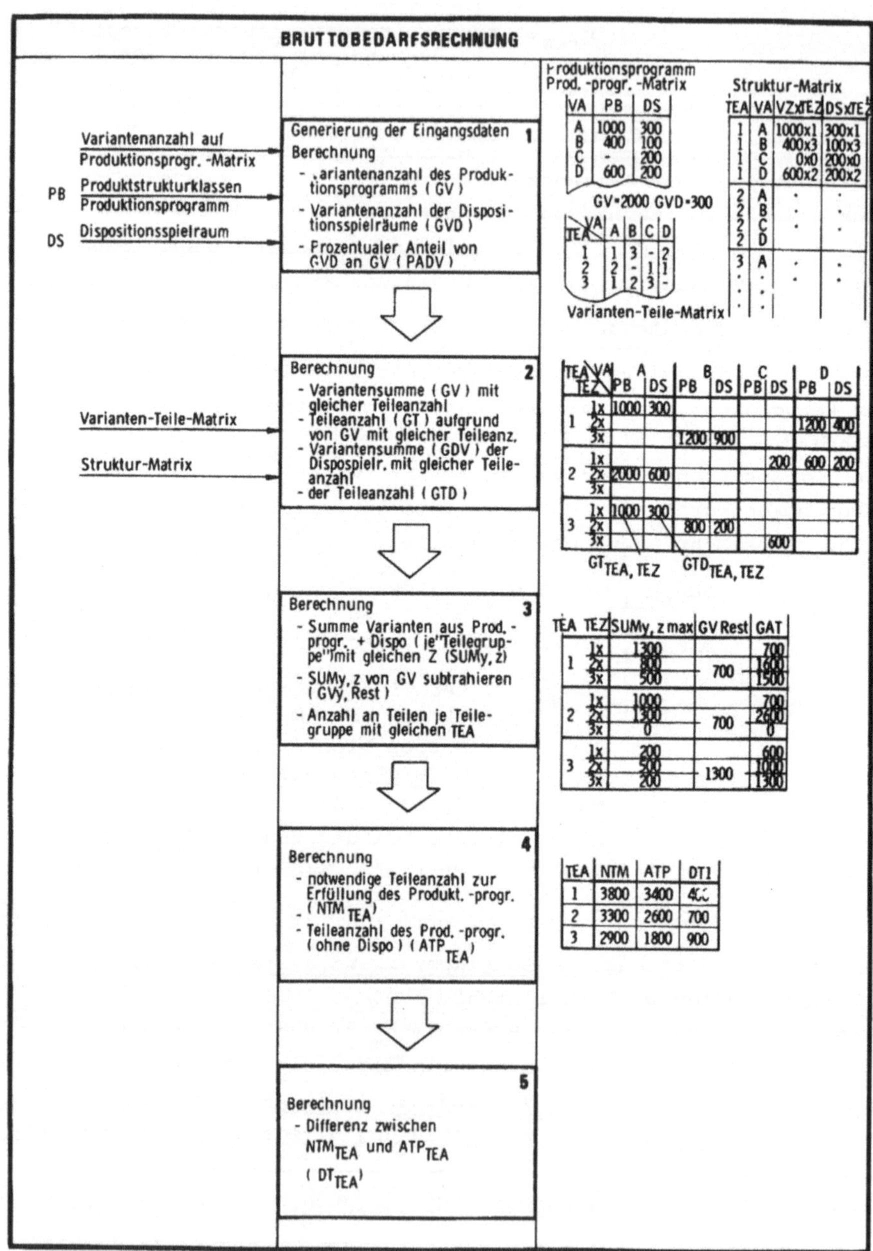

VA	PB	DS
A	1000	300
B	400	100
C	-	200
D	600	200

TEA \ VA	A	B	C	D
1	1	3	-	2
2	2	-	1	1
3	1	2	3	-

TEA	VA	VZxTEZ	DSxTEZ
1	A	1000x1	300x1
1	B	400x3	100x3
1	C	0x0	200x0
1	D	600x2	200x2
2	A	.	.
2	B	.	.
2	C	.	.
2	D		
3	A	.	.
.	.	.	.

TEA	TEZ	A PB	A DS	B PB	B DS	C PB	C DS	D PB	D DS
1	1x	1000	300						
	2x							1200	400
	3x			1200	900				
2	1x						200	600	200
	2x	2000	600						
	3x								
3	1x	1000	300						
	2x			800	200				
	3x						600		

TEA	TEZ	SUMy, z max	GV Rest	GAT
1	1x	1300	700	700
	2x	800		1600
	3x	500		1500
2	1x	1000	700	700
	2x	1300		2600
	3x	0		0
3	1x	200	1300	600
	2x	500		1000
	3x	200		1300

TEA	NTM	ATP	DT1
1	3800	3400	400
2	3300	2600	700
3	2900	1800	900

Bild 35: Methodenablauf Bruttobedarfsrechnung mit Dispositionsspielraum

bedarf und der mittlere Dispositionsspielraum getrennt aufgeführt und in der Strukturmatrix mit der Anzahl der Teile multipliziert.
Anschließend werden die Varianten-Stückzahlen aufsummiert und zueinander ins Verhältnis gesetzt.
Im zweiten Schritt werden die Einzelsummen der Varianten mit jeweils gleicher Teileanzahl für Produktionsprogramm $GV_{TEA,TEZ}$ und Dispositionsspielraum $GDV_{TEA,TEZ}$ festgelegt und mit der Anzahl Teile TEZ multipliziert.

$$GT_{TEA,TEZ} = GV_{TEA,TEZ} \cdot TEZ \quad \text{für Programmstückzahl}$$
$$GTD_{TEA,TEZ} = GDV_{TEA,TEZ} \cdot TEZ \quad \text{für Dispositionsspielraum}$$

Im dritten Schritt wird die Summe der Variantenstückzahl des Programmbedarfs mit dem Bedarf des Dispositionsspielraums für jede Gruppe mit gleicher Teileanzahl TEZ ermittelt. Dabei wird mit der Gruppe der größten Teileanzahl TEZ_{max} begonnen und entsprechend der Reduzierung der Teileanzahl TEZ bis TEZ=1 fortgefahren:

1. $SUM_{TEA,TEZ_{max}} = GV_{TEA,TEZ_{max}} + GDV_{TEA,TEZ_{max}}$
2. $SUM_{TEA,TEZ_{max}-1} = GV_{TEA,TEZ_{max}-1} + GDV_{TEA,TEZ_{max}-1}$

$\vdots$

n.

$SUM_{TEA,TEZ_{max}}$ ... Summe der Variantenstückzahlen mit höchster Teileanzahl je Teileart

Die Summe der Variantenstückzahlen pro Teileart wird einmal von der Gesamtanzahl der Varianten abgezogen (1) und zum zweiten mit der Teileanzahl multipliziert (2), womit sich die Gesamtanzahl an Teilen je Gruppe mit gleicher Teileanzahl ergibt:

$$GV_{TEA,Rest\ i} = GV - SUM_{TEA,TEZ_{max}-i}$$

$$GAT_{TEA,TEZ_{max}} = TEZ_{max} \cdot SUM_{TEA,TEZ_{max}}$$

$GV_{TEA,Rest\ i}$ ... restliche Anzahl an Varianten nach i Berechnungen der Teileart

$GAT_{TEA,TEZ_{max}}$ ... Gesamtstückzahl an Teilen je Gruppe und Teileart

Daran anschließend wird für jede einzelne Teileart die Gesamtstückzahl errechnet und von der bisherigen Differenz abge-

zogen.
Im v i e r t e n S c h r i t t werden die $GAT_{TEA,TEZ}$ aufsummiert und das Teileminimum für die Erfüllung des vorgesehenen Programms NTM_{TEA} ermittelt und danach die in der Teileanzahl unterschiedlichen Teilestückzahlen ATP_{TEA} aufsummiert.

Auswirkungen der Bruttobedarfsrechnung mit Dispositionsspielräumen auf die Ziele "höhere Flexibilität" und "Reduzierung des Umlaufvermögens"

Ergebnis dieser Methode ist die A b d e c k u n g von B e d a r f s s c h w a n k u n g e n, welche durch die Bevorratung eines erhöhten Bedarfs, der durch den Dispositionsspielraum vorgegeben ist, aufgefangen werden.
Bei dem in Bild 35 behandelten Beispiel umfaßt der Dispositionsspielraum in Summe 40% des Programmbedarfs, was einer Lieferbereitschaftsgraderhöhung von ca. 15% gleichkommt. Geht man davon aus, daß nur einzelne Varianten innerhalb einer Variantengruppe einen Absatzzuwachs, andere einen Absatzrückgang innerhalb des Planungshorizontes aufweisen, was den Substitutionseffekt erst sinnvoll macht, so kann mit einer Mehrbevorratung von 28% an Teilen und Baugruppen dieser Dispositionsspielraum erfüllt werden. In anderen Beispielen konnte dieser Wert auf 12% reduziert werden. Durch die Anwendung der Methode entsteht ein wesentlicher Beitrag zur F l e x i b i l i t ä t s e r h ö h u n g, da einfach Abweichungen des Lieferbereitschaftsgrades ausgeglichen werden können, bei vergleichbar g e r i n g e r Erhöhung des U m l a u f v e r m ö g e n s. Die Kosten der erhöhten Bevorratung können durch den Abbau von Fehlmengenkosten und Umsatzeinbußen aufgefangen werden.
Wichtig ist, daß der Dispositionsspielraum in Grenzen gehalten wird, weshalb hier nochmals auf die Bedeutung der P r o g n o s e g e n a u i g k e i t hingewiesen werden soll.

7.2.2 Methoden zur Bestellrechnung unter Berücksichtigung von Auftragsstrukturmodellen

Entsprechend dem Funktionsmodell zur "Mengenbewirtschaftung" werden für die Bestellrechnung differenzierte Methoden in Abhängigkeit von Auftragsstrukturmodellen (Auftragsklassen) und Fertigungsstufen benötigt. Allen Methoden zur Losgrößenrechnung gemeinsam ist die Optimierung von Kosten und Menge, die sich untergliedern lassen in:

- Bestell-Umrüstkosten (losgrößenfixe Kosten),
- Lagerhaltungskosten (losgrößenvariable Kosten),
- Bedarfs-, Verbrauchsmenge,
- Bedarfs-, Verbrauchsperioden.

Die Zusammensetzung der Umrüstkosten unterscheiden sich je nach Fertigungsstufe bzw. Fertigungsart (Teilefertigung, Montage).
Im folgenden werden zunächst die Einflußgrößen untersucht, die als Datenbasis für die Auswahl und Prüfung von unterschiedlichen Methoden zur Bestellrechnung benötigt werden.

Einflußgrößen der Fertigungsstufen auf die Losgrößenrechnung

Grobe Unterschiede bei der Aufstellung der Rüstkosten sind zwischen Teilefertigung und Montage zu verzeichnen.
In der Teilefertigung hängt die Rüstzeit t_R von der Art und Anzahl der umzurüstenden Werkzeuge R und von den in der Anlaufphase verursachten Minderleistungen ab.
Die Rüstkosten Rk lassen sich nach folgender Gleichung berechnen:

$$Rk_{TF} = \sum_{j=1}^{AP}\left\{\left[\sum_{i=1}^{R} (STDR_{ij}\,(1+GK_{Rij})\,t_{Rij} + MSN_{ij}\cdot t_{Ri})\right] + MSN_j \cdot \frac{t_A}{2} + DB\cdot PL\cdot \frac{t_A}{2}\right\}$$

R...Anzahl Rüstvorgänge (Rüstzeitelemente) (-)
AP...Anzahl Rüstpersonal /Rüstvorgang (Personen)
STDR...Stundenlohn eines Rüstarbeiters (DM/Std)
GK_R...Gemeinkostensatz - Rüsten (%)
t_{Ri}...Umrüstzeit für Rüstvorgang i (Std)

MSN_i ... Maschinenstundensatz für den Rüstvorgang i (DM/Std)
t_A ... Zeit für Anlauf,Auslauf (Std)
PL ... Ausbringung,Leistung (Stck/Std)
DB ... Deckungsbeitrag/Stück (DM)

Die Lagerhaltungskosten LK in der Teilefertigung lassen sich aus den Kapitalbindungskosten der betreffenden Fertigungsstufe KB (siehe Abschnitt 3.3.2) ableiten.

Die Senkung der Rüstkosten kann am einfachsten durch die Minimierung von Umrüstvorgängen bzw. der Verkürzung der Umrüstzeit zwischen zwei Aufträgen erreicht werden. In der vorliegenden Arbeit dient die in Abschnitt 5.6 beschriebene Differenzierung von Rüstzeitprofilen dazu, diejenigen Aufträge hintereinander zu fertigen, die minimale Umrüstvorgänge aufweisen. Der Einsatz dieser Strukturmodelle führt zu einer Einsparung von ca. 50% der Rüstkosten. Darüber hinaus führen höhere Bestellzyklen zu einer Reduzierung des Lagerbestandes, da ein geringerer Verbrauch zwischen zwei Zyklen abgedeckt werden muß.

Der Aufwand für das Umrüsten in der Montage bezieht sich auf Rüstvorgänge von Vorrichtungen und Werkzeugen, vor allem auf die Bereitstellung von Teilen und Baugruppen an den Arbeitsplätzen. Im allgemeinen müssen Arbeitsplatzbehälter entleert, die Teile ans Lager zurücktransportiert, dort abgezählt und eingelagert werden, was im allgemeinen einen sehr hohen Aufwand verursacht. Ein weiterer Faktor liegt bei den Auslauf- und Anlaufkosten, wobei in den Anlaufkosten die erforderlichen Lernprozesse der Mitarbeiter bei neuen Montagevarianten enthalten sind.
Die Rüstkosten RK_{MO} in der Montage lassen sich quantifizieren nach folgender Gleichung:

$$RK_{MO} = \left\{ \sum_{i=1}^{R} \left[\sum_{j=1}^{AP} STDR_{ij} \; (1+GK_{Rij}) \cdot t_{Rij} \right] \right\} \text{(Werkzeuge, Vorrichtungen)}$$

$$+ \left\{ \sum_{i=1}^{TA} \left[\sum_{j=1}^{AM} STDM_{ij} \; (1+GK_{Mij}) \cdot t_{Mij} \right] \right\} \text{(Bereitstellung Teile)}$$

$$+\left\{\sum_{i=1}^{TAR}\left(\left[\sum_{j=1}^{AM} STDM_{ij}\,(1+GK_{Mij})\right]+\left[\sum_{j=1}^{AL} STDL_{ij}(1+GK_{Lij})\right]\right)t_{Lij}\right\}$$

(Rücktransport, Zählen, Einlagern von Restteilen)

$$+\left\{\sum_{k=1}^{APm} STDP_K(1+GKP_{mk})\cdot\frac{t_A}{2}+DB\cdot M\cdot\frac{t_A}{2}\right\}$$

(Aus-,Anlaufverlust, Leerzeiten)

RK_{MO} ... Rüstkosten-Montage (DM)
TA ... Anzahl der Umrüstvorgänge für Variantenteile (Stck)
AM,AL... Anzahl Transport-,Materialbereitstellungspersonal (AM), Lagerpersonal (AL) (Personen)
STDM ... Stundenlohn Transportpersonal (DM/Std)
GK_M ... Gemeinkostensatz Transportpersonal (%)
t_M ... Umrüst-,Transportzeit/Variantenteil (Std)
TAR ... Anzahl Variantenteile zum Rücktransport (Stck)
STDL ... Stundenlohn Lagerpersonal (DM/Std)
GK_L ... Gemeinkostensatz Lagerpersonal (%)
t_L ... Zeit für Identifizieren, Zählen und Einlagern (Std)
AP_m ... Anzahl Montagepersonal (Personen)
STDP ... Stundenlohn des Montagepersonals (DM/Std)
GKP_m ... Gemeinkostensatz Montagepersonal (%)
tz ... Taktzeit/Arbeitsplatz (Std/60)
t_A ... Zeit für Anlauf, Auslauf des Montageauftrages (Std)

Die Produktstrukturdifferenzierung ermöglicht dem Montageprogrammplaner ähnliche Aufträge hintereinander einzuplanen, wobei die Ähnlichkeit durch die Überdeckung der Varianten gekennzeichnet ist. Eine weitere kostendämpfende Maßnahme ist der Übergang von einer kommissionierten Bereitstellung zu einer auftragsneutralen Bereitstellung (Funktionsmodell "Materialbereitstellung, Lagerbewirtschaftung" siehe Abschnitt 3.5 und Anhang 1).

Auswahl von Methoden zur Bestellrechnung

In der Materialbewirtschaftungs-Literatur sind eine Großzahl unterschiedlicher Algorithmen und Methoden zur Bestell-, bzw. Losgrößenrechnung beschrieben /55/,/56/,/57/. In diesem Abschnitt werden für die vorliegende Problemstellung geeignete Methoden ausgewählt (Bild 36).

Mengenbewirtschafts-modell	Optimierungs-kriterium für Losgröße	Losgrößenformel
statisch P-Modell	Bestellintervall t_0	$t_0 = \sqrt{\frac{200 \cdot BK \cdot T^2}{P \cdot HK \cdot VM}}$
Q-Modell	Bestellmenge q_0	$q_0 = \sqrt{\frac{200 \cdot BK \cdot VM}{P \cdot HK}}$
s, c, S Sammel-bestellung	$\left.\begin{matrix} t_0^R \\ q_0^R \end{matrix}\right\} S_{oi}$	$S_{oi} = \begin{cases} qo^R \text{ falls } Ts_i \geq T_{i+1}^R \\ qo_j \text{ falls } Ts_i \leq T_{i+1}^R \end{cases}$
dynamisch Stück-Perioden Ausgleich	Bestellmenge in Bestellperiode; q_i	$q_i = \begin{cases} 0 \text{ falls } \sum_{i=1}^{n} BED_i \leq \frac{BK}{p \cdot HK_i} \\ \sum_{i=1}^{n-1} BED_i \text{ falls } \sum_{i=1}^{n} (n-1)\, BED_i \geq \frac{BK}{p \cdot HK_i} \end{cases}$
Stück-Perioden Ausgleich nach Groff	Bestellmenge in Bestellperiode; q_i	$qi = \begin{cases} 0 \text{ falls } BED_i\, i(i-1) < \frac{2\,BK}{p \cdot HK_i} \\ \sum_{i=1}^{n-1} BED_i \text{ falls } BED_i\, i(i-1) \geq \frac{2BK}{p \cdot HK_i} \end{cases}$

BK... Bestellkosten / LOS / [DM/LOS]
T..... Anzahl Perioden / Jahr
p..... Lagerzinssatz [%]
HK... Herstellkosten [DM/Stck]

t_0^R... optimales Bestellintervall Repräsentativprodukt [ZE]
q_0^R... optimales Sammelbestellprodukt [Stck]
S_{oi}... Sammelbestellung [Stck]
j..... Variante$_i$ (i=1 ... n)
Ts_i... Ist-Eindeckungstermin
T^R_{i+1}. nächster Bestelltermin der Repräs.-Variante
BED_i.. Bedarf in Periode$_i$

Bild 36: Methoden und Algorithmen zur Losgrößenrechnung bei alternativer Mengenbewirtschaftung

Die statischen Methoden zur Losgrößenrechnung werden bereits im Zusammenhang mit Funktionsmodellen zur Mengenbewirtschaftung beschrieben. Diese Methoden sind insofern ungenau, als sie von einem regelmäßigen Bedarf je Periode ausgehen, was in der Praxis nur in den wenigsten Fällen

gegeben ist.
Die für stochastische Lagerhaltungstheorien entwickelten d y - n a m i s c h e n M e t h o d e n eignen sich grundsätzlich für schwankende Bedarfe besser, weisen aber den Nachteil auf, sehr rechenaufwendig zu sein.
Im folgenden sollen zwei h e u r i s t i s c h e M e t h o - d e n vorgestellt werden, die eine Näherungslösung der exakten dynamischen Losgrößenoptimierung darstellen:

Vergleichswert-Methode des Stück-Perioden-Ausgleichs

Die S t ü c k p e r i o d e n - M e t h o d e (Part-Period-Balancing) knüpft an die Eigenschaften des Q-Modells an; die Lagerhaltungskosten und die Losgrößen-fixen-Kosten sind je Zeiteinheit gleich. Der optimale Bestellzeitpunkt und die Losgröße wird hier nicht absolut, sondern in Beziehung zum Bedarf zukünftiger Perioden gesetzt. Die periodenweise Aufsummierung der Stückzahl/Periode wird solange fortgesetzt, bis ein Vergleichswert überschritten wird, der eine wirtschaftliche Losgröße repräsentiert /58/.
Die Methode von GROFF /59/ ist dem Stück-Perioden-Ausgleich ähnlich, berücksichtigt jedoch die Gewichtung der Bedarfsmengen nach ihrer Lage in Bezug auf den Planungszeitpunkt. Dies führt zu einer starken Anpassung der Losgröße an schwankende Bedarfsmengen.
Die A u s w a h l der obengenannten Methoden zur Bestellrechnung hängt für die Varianten des untersuchten Fallbeispiels von der Zuordnung zu A u f t r a g s k l a s s e n Y oder Z ab.

Für Y-Aufträge müssen bezogen auf das Rohmaterial oder die 1. Halbfabrikatsstufe Beschaffungslosgrößen berechnet werden. Hierzu eignet sich die S a m m e l b e s t e l l m e t h o d e, die ein Repräsentativprodukt voraussetzt. Zu dessen Auswahl werden die Einzelergebnisse der P r o d u k t s t r u k t u r - d i f f e r e n z i e r u n g und der A u f t r a g s s t r u k - t u r d i f f e r e n z i e r u n g herangezogen. Im Fallbeispiel entstammt die R e p r ä s e n t a t i v v a r i a n t e in den meisten Fällen der Z-Auftragsklasse. Sie ist innerhalb der Variantengruppe die Variante mit dem höchsten Bestellzyklus, wobei dieser bzw. das optimale Bestellintervall und die optimale

Losgröße jeweils getrennt berechnet werden. Im Rahmen der Bestellrechnung werden die Bedarfe für Y-Aufträge jeweils anhand der Lagerabgangsstückzahlen und des Primärbedarfs abgeleitet. Die einzelnen Bedarfe einer Periode, in der das Repräsentativprodukt gefertigt wird, werden solange aufaddiert, bis eine optimale Losgröße erreicht wird.
Sofern die Bedarfsmengen größeren Schwankungen unterliegen, was symptomatisch für Y-Aufträge bei Sortenfertigung ist, muß auf eine dynamische Methode übergegangen werden, wobei sich das Verfahren von GROFF besonders auszeichnet.

Auswirkung alternativer Methoden zur Bestellrechnung auf die Ziele "Flexibilitätserhöhung und Reduzierung des Umlaufvermögens"
Die Reduzierung der optimalen Losgröße (Stück pro Los bei Kostenminimum) von 37% durch alternative Methodenauswahl kann bis zu 59% durch die oben beschriebenen Maßnahmen zur Rüstkostenminimierung gesteigert werden (Bild 37).

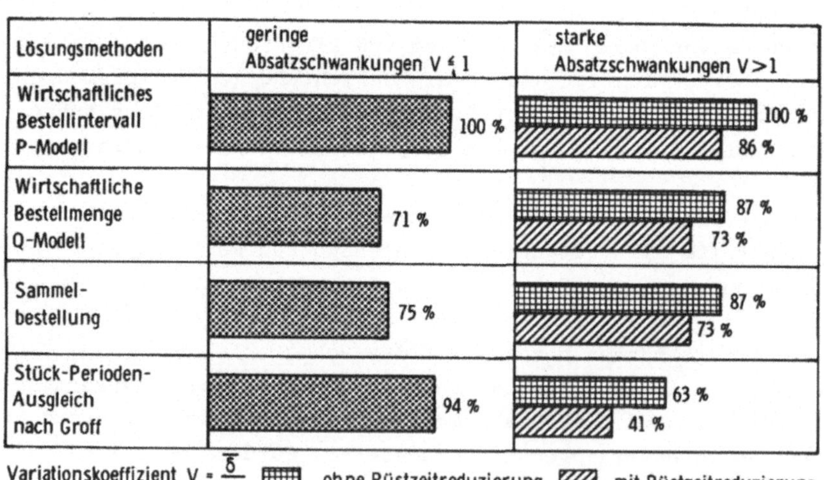

Bild 37: Vergleichende Bewertung von Methoden zur Losgrößenrechnung

Diese Feststellung hängt entscheidend vom Verlauf der Bedarfswerte ab, der durch den Variationskoeffizient beschrieben wird.

Bei unregelmäßigem Verlauf sind die dynamischen, heuristischen Methoden weit besser geeignet. Diese Ergebnisse werden durch die von BLACKBURN /60/ durchgeführten Untersuchungen bestätigt. Insgesamt bringt dies, zum einen, eine höhere Flexibilität, da in kürzeren Zeitabständen wirtschaftlich aufgelegt werden kann. Zum anderen kann damit Umlaufvermögen, das durch Zwischenlagerbestände hervorgerufen wird, eingespart werden. Die Bestände sind zum Ausgleich unterschiedlicher Losgrößen zwischen vor- und nachgelagerten Systemen und der Überbrückung von Zykluszeiten notwendig. Im Fallbeispiel kann die Eindeckungszeit um durchschnittlich einen Monat reduziert werden, was einer Bestandsreduzierung von 17,8% des gesamten Umlaufbestandes und der Verkürzung der Reaktionszeit um mindestens 30% entspricht.

7.3 Methoden zur Werkstattsteuerung

7.3.1 Methode zur Montagereihenfolgeplanung

In Abhängigkeit von den vom Vertrieb gewünschten Lieferterminen und systembezogenen Randbedingungen werden die Montageaufträge auf die Montagesysteme eingeplant. Im Fallbeispiel wird von einem linienorientierten Montagesystem auf ein Kombinationssystem mit 4 parallelen Endmontagesystemen, die jeweils sämtliche Varianten einer Variantengruppe montieren und prüfen können, gewechselt. Die 3 Vormontagesysteme verfügen über eine unterschiedliche Anzahl von parallelen Einzelmontagesystemen (Vormontage A = 4 Gruppen, Vormontage B = 2 Gruppen, C = 3 Gruppen). Da die Vor- und Endmontagesysteme nur geringfügig voneinander entkoppelt sind, ist eine organisatorische Abstimmung unumgänglich. Zur Abstimmung zwischen Vor- und Endmontagesystemen werden die in Abschnitt 5.5 entwickelten Strukturmodelle eingesetzt, denen eine Differenzierung von Montagezeiten-Profilen paralleler Systeme mit geringen Abstimmverlusten zugrunde liegt.

Die Methode zur M o n t a g e r e i h e n f o l g e p l a n u n g wird im folgenden anhand von Bild 41 beschrieben:

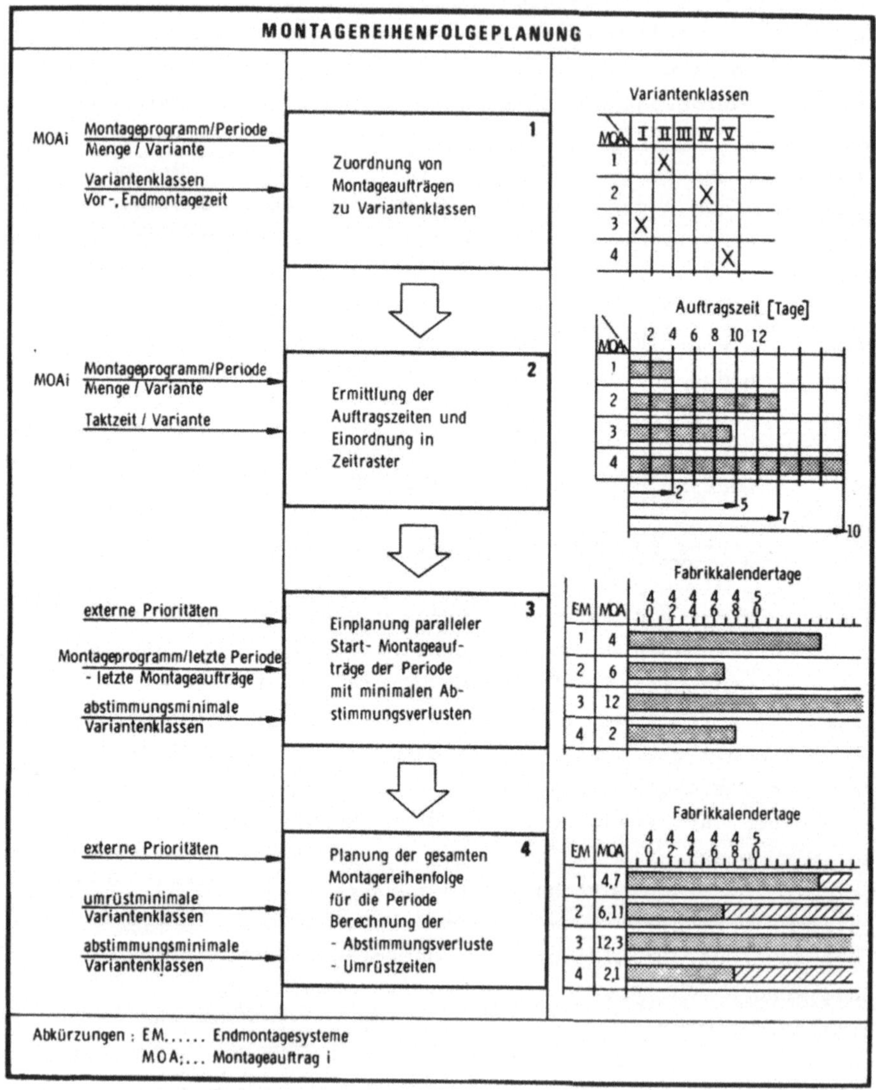

Bild 38: Methodenablauf zur Montagereihenfolgeplanung

Die Montageaufträge als Ergebnis der Montageprogrammplanung, die sich auf die Art und Menge der Produktvarianten beziehen, werden den Variantenklassen mit ähnlichen Vor- und Endmontagezeitprofilen zugeordnet (Schritt 1). Zunächst wird für die Teile und Baugruppen des Montageprogramms eine Verfügbarkeitskontrolle durchgeführt und Fehlteile ausgewiesen. Im zweiten Schritt werden die Auftragszeiten anhand eines Zeitstrahls aufgetragen und in ganzzahlige, vielfache Verhältnisse aufgeteilt (Zeitraster). Die Einplanung der Aufträge erfolgt nach den Prioritäten:

- letzter Auftrag der Vorperiode,
- zeitaufwendigster Auftrag (längster Zeitstrahl),
- Auftrag mit externer Priorität (Eilauftrag).

Zum erstgewählten Auftrag werden der Auftragsdatei solche Aufträge entnommen, die zu einer abstimmungsminimalen Klassenkombination (Strukturmodell) führen. Da mehrere Aufträge in Frage kommen, wird dieser Suchprozeß iterativ durchgeführt, wobei nach jedem Schritt die Abstimmungsverluste berechnet werden (Schritt 3). Als "Anschlußauftrag" zum zeitlich kürzesten Auftrag wird die Variante innerhalb derselben Klasse gewählt, welche die geringsten Umrüstkosten aufweist. Die Umrüstkosten werden einer Tabelle entnommen, die auf der Basis von Ergebnissen der in Abschnitt 5.6 diskutierten Rüstzeitprofilklassen für die Montage erstellt wurde. Der Werkstattsteuerer plant die Aufträge solange ein, bis eine Montagereihenfolge gebildet ist, die für sämtliche Aufträge einer Periode abstimmungs- und umrüstminimale Zeiten aufweist (Schritt 4).

Auswirkungen der Methoden zur Montagereihenfolgeplanung auf das Ziel "Steigerung der Produktivität"

Für das erhobene Fallbeispiel ist in Bild 39 das Ergebnis einer Simulation dargestellt. Im untersuchten Bereich werden 44 Varianten montiert; insgesamt arbeiten 53 Montagemitarbeiter in den Vor- und Endmontagesystemen. Setzt man, wie oben beschrieben, ein System ein, das mit Klassenkombinationen eine Abstimmung ermöglicht, so können die Abstimmverluste von 9,8% auf 6,1%, also um 37% reduziert werden. Räumt man zusätzlich einen Personalaustausch zwischen personalflexiblen Systemen zur Abstimmung ein, so kann ein durchschnittlicher Abstimmungsverlust von 4,6% erreicht werden, was einer Verbesserung um 54% zum Ausgangszustand entspricht.

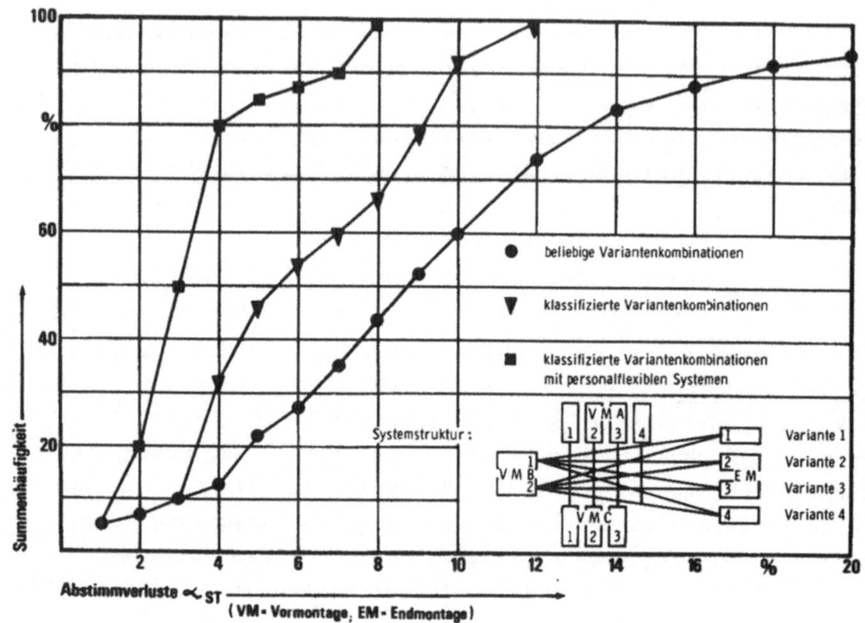

Bild 39: Bewertung einer Methode zur Montagereihenfolgeplanung nach der Summenhäufigkeit der Abstimmungsverluste

Durch die Verringerung von Abstimmverlusten kann die P r o d u k t i v i t ä t durch Personaleinsparung, höhere Auslastung der Systeme bei gleich hoher Durchlaufzeit, sowie durch eine Steigerung der Ausbringungsmenge erzielt werden. Angesichts der hohen Anzahl von Variantenkombinationen, die parallel gefertigt werden können, vereinfacht diese Methode den P l a n u n g s a u f w a n d beträchtlich.

7.3.2 Methode zur Auftragsreihenfolge-, Auftragsvorratsplanung

Die grundlegende Änderung innerhalb der Werkstattsteuerung bei Fertigungszellen ergibt sich durch die Abkehr vom Bestandseffekt hin zu einem Reiheneffekt. Dieser Übergang macht die Einführung von Methoden zur Auftragsreihenfolge- und Auftragsvorratsplanung notwendig. Da die Fertigungszellen direkt an das nachgelagerte Arbeitssystem liefern, wird in der Reihenfolgeplanung von einer einstufigen Fertigung ausgegangen /61/. Damit kann mit Erfolg eine Auftragsvorratsbildung durchgeführt werden. Unter Auftragsvorratsbildung ist die Zusammenlegung von Fertigungsaufträgen für Teile einer Teileklasse und deren Einplanung über einen Planungshorizont nach wirtschaftlichen Kriterien zu verstehen /62/. Die Aktivitäten der Betriebssteuerung konzentrieren sich auf die Planung und Vorgabe des Auftragsvorrates sowie auf eine Prioritätsvergabe für Aufträge (Eilaufträge) innerhalb des Auftragsvorrates. Diese Vorgaben sind jeweils auf eine Fertigungszelle bzw. das Vorbearbeitungszentrum bezogen. Der fiktiven Zelle "Härterei" wird von den Weichbearbeitungszellen ein Auftragsvorrat vorgegeben und von der Hartbearbeitung zusätzlich Prioritäten gesetzt.
Als Daten für die Anwendung der Methode (Bild 40) dienen das kapazitiv abgeglichene Vorfertigungs- bzw. Teilefertigungsprogramm mehrerer Perioden (im untersuchten Fall für 4 Wochen) und die grobe Montagereihenfolge für die nächsten Perioden. Entsprechend der Vorgehensweise in /12/ wird nach Umrüstkriterien und externen Prioritäten der Auftragsvorrat aufgebaut. Begonnen wird mit bedarfsorientierten Aufträgen der X- und Y-Klasse und nach jeder Neueinplanung die Kapazitätsauslastung berechnet (Schritt 2). Die Restkapazität wird mit Vorratsaufträgen der Y- und Z-Klasse für die Weichbearbeitungsstufe aufgefüllt (Schritt 3a). Bei der Hartbearbeitung wird vom Montagereihenfolgeplan für X-, Y- und Z-Typen ausgegangen; die Restkapazität wird mit Vorratsaufträgen für Z-Typen belegt. Im Falle

der Vorratsaufträge werden nur solche Varianten gewählt, die zu eingeplanten Aufträgen als Repräsentativprodukt mit einem hohen Überdeckungsgrad (Produktstrukturklasse) stehen und zu anderen Variantenklassen geringe Umrüstzeiten aufweisen (Rüstzeitprofilklasse). Ergänzend ist auch eine Optimierung in dem Sinne denkbar, daß jeweils die Z-Variante ausgewählt wird, die das bereits eingeplante Kapazitätsprofil bestmöglichst ergänzt, d.h. die Leerzeiten minimiert /63/.

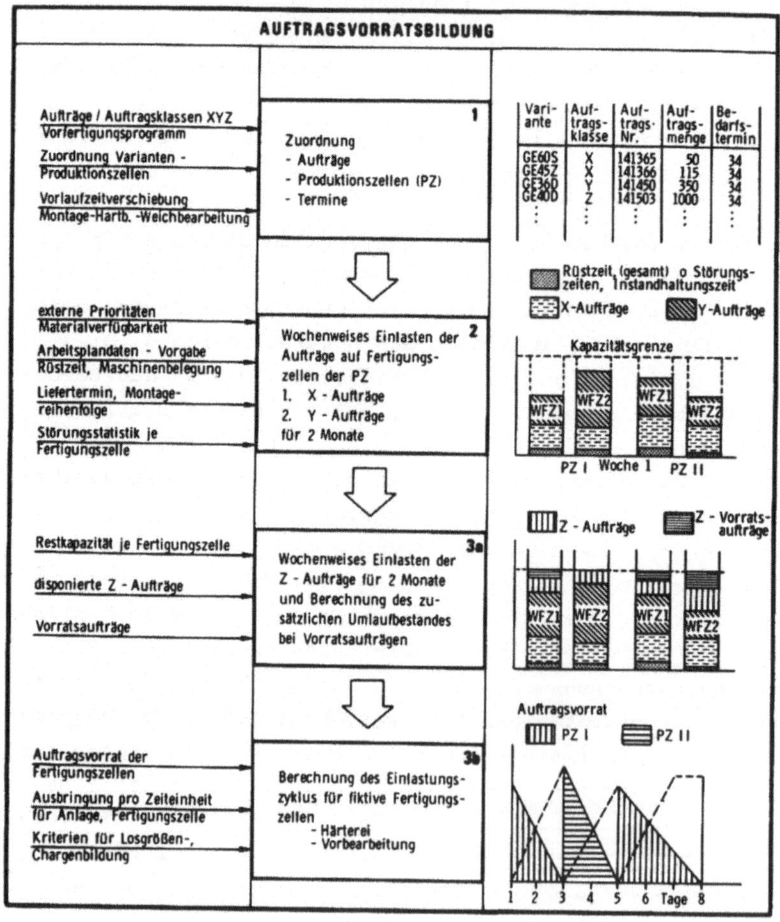

Bild 40: Methodenablauf zur Auftragsvorratsbildung bei Produktionszellen

Eine sinnvolle Losgrößenbildung bei der f i k t i v e n Z e l l e "Härterei" wird durch eine Chargenbildung und der Fertigung nach einem festen Zyklus ermöglicht (Schritt 3b). So steht beispielsweise im Wechsel von zwei Tagen die Härterei/Anlage B einmal der Produktionszelle PZI und einmal PZII zur Verfügung (siehe hierzu Bild 25). Besonders vorteilhaft an der zyklischen Abarbeitung von Aufträgen ist, daß man mit f e s t e n Ü b e r g a n g s z e i t e n zwischen der Weich- und Hartbearbeitung rechnen kann. Damit kann einerseits die Auftragsreihenfolgeplanung relativ einfach vollzogen werden, was zu einer Reduzierung des Aufwandes für die Werkstattsteuerung führt. Eilaufträge werden mit entsprechender Prioritätssteuerung beschleunigt und insgesamt Bestände reduziert.

7.3.3 Integration von Aufgaben der arbeitssysteminternen Fertigungssteuerung

Die arbeitssysteminterne, kurzfristige Steuerung wird als ein System mit G r e n z w e r t r e g e l u n g (siehe Abschnitt 6.4.4 - Bild 29) ausgelegt. Voraussetzung hierfür ist die Bereitstellung geeigneter Plandaten, Planungsmethoden (Führungsgröße) sowie Informationshilfsmittel zur Abbildung des Arbeitssystems. Dies ist zur laufenden Überprüfung des Ist-Zustandes (Regelung) und zum raschen Erkennen von Über- oder Unterschreiten der Grenzwerte erforderlich.
Zur Überwachung und Selbststeuerung des Arbeitssystems nach der Methode der Grenzwertregelung lassen sich zwei Arten einsetzen:

- konstante Umrüstzeitpunkte,
- konstante Auftragsstückzahlen.

In Bild 41 sind für die genannten Arten der Grenzwertregelung die p e r s o n e n a b h ä n g i g e n Ausbringungsverläufe schematisch aufgezeigt. Die gewählten Parameter dienen als Grundlage zur Gestaltung von Verfahren und Informationshilfsmitteln. Diese versetzen die Mitarbeiter jederzeit in die Lage, die erbrachte I s t - L e i s t u n g bzw. Ist-Ausbringung in Beziehung zur S o l l - L e i s t u n g zu stellen. Hierzu wird die Ist-Ausbringung täglich in einem Stückzahl-Zeit-Diagramm nachgeführt. Dem für die Fortschrittsüberwachung verantwortlichen Mitarbeiter wird damit die Möglichkeit eröffnet, die Unterschreitung der Soll-Ausbringungskurve zu erkennen und die notwendigen Maßnahmen zur "Gegensteuerung" einzuleiten. Dies kann innerhalb des Arbeitssystems (Störungen erster Ordnung) oder zusammen mit Mitarbeitern der übergeordneten B e t r i e b s s t e u e r u n g, die der betreffenden Produktionszelle zugeordnet sind, vonstatten gehen. Im letztgenannten Fall muß festgestellt werden, ob Auswirkungen der systeminternen Störung auf vor- oder nachgelagerte Arbeitssysteme zu erwarten sind (Störungen zweiter Ordnung). Diese Störungsauswirkungen hängen vom Entkopplungsgrad (Pufferbestände) zwischen den Arbeitssystemen ab. Sie können anhand des Vergleichs der Soll-Ausbringungskurven der beiden Systeme, die zeitlich um den M i n d e s t p u f f e r b e s t a n d PI zwischen den beiden Systemen verschoben sind, (vgl. Bild 40 - unterer Teil) einfach quantifiziert werden.

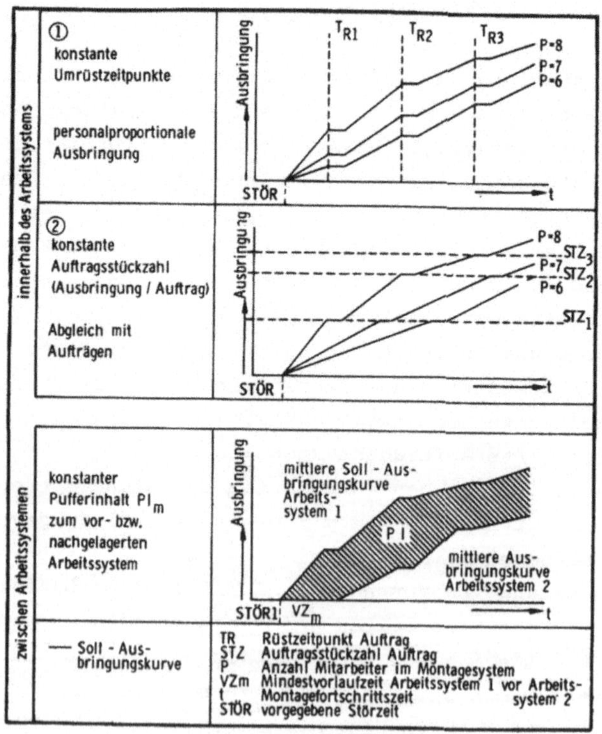

Bild 41: Art und Parameter zur Grenzwertregelung

Die beschriebene Grenzwertregelung ist eine wesentliche Voraussetzung für eine funktionierende, arbeitssysteminterne Steuerung nach dem Prinzip der S e l b s t s t e u e r u n g. Die Vorteile kommen insbesondere dann zum Vorschein, wenn das Arbeitssystem nach arbeitswissenschaftlichen Erkenntnissen gestaltet wurde und demzufolge über Variabilität hinsichtlich der Anzahl von Werkstattmitarbeitern, die im System arbeiten, der Anwesenheitszeit und der Ausbringungsstückzahl verfügt.
Insgesamt kann dadurch der A u f w a n d für die arbeitssysteminterne Steuerung beträchtlich reduziert werden, da "Terminjäger"-Funktionen weitgehend wegfallen. Darüberhinaus werden durch die geschaffene Reaktionsmobilität der Werkstattmitarbeiter die störungsbedingten Leerzeiten der Fertigungseinrichtungen beträchtlich gesenkt und damit ein Beitrag zur höheren K a p a z i t ä t s n u t z u n g geleistet.

7.4 Anwendungsaspekt der Strukturintegration

Die in den Abschnitten 7.1 bis 7.3 aufgezeigten Methoden wurden aus Gründen der Nachvollziehbarkeit jeweils einzeln auf ihren Zielbeitrag untersucht. Die jeweilige Zielerfüllung kann jedoch nur dann v o l l s t ä n d i g zum Tragen kommen, wenn die Integration, wie für das Fallbeispiel gezeigt, g a n z h e i t l i c h vollzogen wird. Als wichtige Basissysteme, bei denen eine Neugestaltung die größten Erfolge zeigt, sind zu nennen:

- Produktionsprogrammplanung mit Dispositionsspielräumen,
- Bruttobedarfsermittlung mit Dispositionsspielräumen,
- Bestellrechnung,
- Werkstattsteuerung mit Grenzwertregelung.

Die anderen genannten Systeme sind zwar im Hinblick auf ein integriertes Produktionssystem ebenso von Wichtigkeit, in den meisten Fällen wird jedoch eine Auswahl und Schwerpunktbildung erforderlich sein, da die Kapazitäten der Planungsabteilungen beschränkt sind.
Für die Gestaltung der Subsysteme muß einerseits die Eingliederung von Methoden und Aufgaben in die betriebliche A b l a u f o r g a n i s a t i o n, andererseits die informationelle Verknüpfung der Aufgaben und die Gestaltung des I n f o r m a-

t i o n s s y s t e m s beachtet werden. Hierzu werden zweckmäßigerweise, nach dem von GENTNER /64/ vorgeschlagenen schrittweisen Vorgehen, zunächst die Aufgaben nach den Teilfunktionen E r f a s s e n, V o r v e r a r b e i t e n, V e r a r b e i t e n und A u s g a b e aufgegliedert. Die Ergebnisse dieser Analyse müssen in den Gesamtrahmen für die Gestaltung des Informationssystems gestellt werden, der durch die in Abschnitt 6.1 vollzogene Auswahl eines O r g a n i s a t i o n s t y p s innerhalb des Organisationsmodells "Informationssystem" vorgegeben ist. Neben der daraus abgeleiteten Art des Informationssystems sind die Auswahl und Erstellung von P r o g r a m m e n (Software-Einsatz) im zweiten Schritt vorzunehmen.
Gegenstand des dritten und vierten Schrittes sind Einsatz und Standort von I n f o r m a t i o n s m i t t e l n (Hardware-Einsatz) sowie E i n f ü h r u n g s s t r a t e g i e n z.B. in Form von Qualifikations- und Unterweisungskonzepten für das betroffene Personal.
Wichtige Voraussetzung für die Gestaltung der Subsysteme ist, wie schon mehrfach angesprochen, die Bereitstellung von standardisierten Strukturmodellen. Für die Strukturintegration bleibt anzumerken, daß die p h y s i s c h e Umsetzung der Strukturmodelle, d.h. die Umgestaltung des Materialflusses nicht zwingende Voraussetzung für die Wirksamkeit der neuen Methoden zur Produktionsplanung und -steuerung ist. Vielmehr können die Strukturmodelle nur als A b b i l d oder D a t e n b a s i s oftmals dieselbe Wirksamkeit erfüllen. Damit können die Vorteile der Strukturintegration ohne wesentliche Investitionen im technischen Bereich umgesetzt werden.
Über die in dieser Arbeit betrachtete Zielgruppe "Sortenfertigung" hinaus könnten einzelne Modelle sowie die generelle Vorgehensweise auch für Betriebe mit Serienfertigung von Interesse sein.

Laufende Veränderungen des Marktes zwingen insbesondere Unternehmen mit Sortenfertigung, ihr Produktionssystem den äußeren Bedingungen anzupassen. Die Dynamik der Veränderungen machen den Übergang von einem r e a k t i v e n Modifizieren des bestehenden Systems zu einer a k t i v e n Neuplanung eines integrierten Produktionssystems notwendig.
Zur Entwicklung eines derartigen Systems werden in einem ersten Schritt G e s t a l t u n g s r e g e l n der Unternehmensplanung den für die Produktion verantwortlichen Mitarbeitern zur Verfügung gestellt. Diese beinhalten die z i e l o r i e n t i e r t e Auswahl alternativer O r g a n i s a t i o n s- und F u n k t i o n s m o d e l l e. Zur Auswahl werden zunächst die sich konkurrierenden Ziele anhand von Z i e l s y s t e m e n funktional formuliert. Neben Zielkonflikten wird insbesondere die Abhängigkeit von übergeordneten Vorgaben, die Unternehmensziele sind, und der zu leistende Zielertrag qualitativ abgeleitet. Organisations- und Funktionsmodelle beziehen sich auf die Aufbau- und Ablauforganisation des Produktionssystems als Ganzes und speziell auf Subsysteme der Produktionsplanung und -steuerung sowie des Fertigungssystems.
Die ausgewählten Gestaltungsregeln dienen als Orientierung zur Neugestaltung von Subsystemen der Produktion. Im zweiten Schritt, der S t r u k t u r d i f f e r e n z i e r u n g, werden standardisierte S t r u k t u r m o d e l l e zu Eigenschaften betrieblicher Strukturen entwickelt. Hierzu werden Verfahren der C l u s t e r a n a l y s e weiterentwickelt und eingesetzt.

Als Ergebnis der Strukturdifferenzierung wurden in der vorliegenden Arbeit folgende Strukturmodelle entwickelt:

- Produktstrukturmodelle,
- Auftragsstrukturmodelle,
- Fertigungsablaufmodelle,
- Strukturmodelle ähnlicher Montagezeit-Profile,
- Strukturmodelle ähnlicher Kapazitätsbelastungs-Profile,
- Strukturmodelle ähnlicher Umrüstzeit-Profile.

Im dritten Schritt, der S t r u k t u r i n t e g r a t i o n, werden die Gestaltungsregeln und Strukturmodelle zusammen mit der betrieblichen Aufgaben-Grundstruktur zu einem zielorientier-

ten Produktionssystem integriert.
Für ein Fallbeispiel werden mit der Strukturdifferenzierung im Fertigungssystem Produktionszellen entwickelt und Halbfabrikatestufen entsprechend den unterschiedlichen Auftragsstrukturmodellen eingeführt.
Im Rahmen der Integration der Produktionsplanung und -steuerung wird die Entwicklung und Bewertung von differenzierten Methoden vorgenommen, die in Abhängigkeit der Strukturmodelle und Aufgaben gestaltet werden. Dazu werden mehrere Schwerpunkte gebildet, welche die Zielorientierung der Strukturintegration maßgeblich bestimmen:

1. In der Produktionsprogrammplanung, die zur Abstimmung von Produktion und Vertrieb dient, werden im Rahmen der Primärbedarfsermittlung Dispositionsspielräume eingeführt. Diese werden zur nachträglichen, mengenmäßigen Anpassung von Varianten mit schwankendem Bedarfsverlauf verwendet.

2. Methoden der Auftragsplanung sehen eine differenzierte Bedarfsermittlung nach Gleich-, Mehrfachverwendungs- und Variantenteilen vor, entsprechend der in Punkt 1 genannten Dispositionsspielräume.
Da insbesondere bei Sortenfertigung starke Schwankungen des Absatzverlaufs auftreten, wird entsprechend den unterschiedlichen Auftragsklassen die Losgrößenrechnung mit alternativen Methoden durchgeführt.

3. Die Werkstattsteuerung setzt sich aus einer arbeitssystemübergreifenden Betriebssteuerung und einer arbeitssysteminternen Steuerung zusammen. Die Integration der beiden Funktionsbereiche sowie die Abstimmung zwischen diesen und der Auftragsplanung wird entsprechend einem Regelkreissystem ausgelegt, wozu eine entsprechende Grenzwertregelung zur Funktionserhaltung der Subsysteme dient.

Am Fallbeispiel der Sortenfertigung werden die entwickelten Modelle und Methoden auf ihren Beitrag zur Zielerreichung hin bewertet.
Als Weiterführung der Arbeit wäre ein Ansatz denkbar, den integrierten Gestaltungsaspekt über die hier diskutierten Subsysteme hinaus auf die Fertigungsplanung und Konstruktion auszudehnen. Die Fragestellung, die sich daraus ergibt, läge in der Untersuchung, inwieweit Strukturmodelle von Struktureigenschaften auch in diesen Bereichen gestaltet und in das Produktionssystem integriert werden könnten.

Ein weiterer Ansatz könnte die Entwicklung eines S i m u l a t i o n s m o d e l l s umfassen, in das sämtliche der entwikkelten Subsysteme "modulartig" einbezogen werden können. Mit einem derartigen Modell wäre man in der Lage, durch Vorgaben von Störgrößen, das Verhalten der Subsysteme und des Gesamtsystems innerhalb der Zielsysteme beobachten zu können. Für den Praxiseinsatz müßte das Modell jeweils an die Randbedingungen des untersuchten Unternehmens angepaßt werden.

9 LITERATUR

/1/ Pahl, G; Beitz, W.:
Baureihenentwicklung.
Zeitschrift Konstruktion, 26 (1974) S. 71 - 79.

/2/ Warnecke, H.J.; Bullinger, H.J.; Lienert, J.:
Ausgewählte EDV-Anwendungen im Produktionsbereich.
In: Plötzeneder, H.D. (Hrsg.):
Wirtschaftsinformatik III. KTB-Reihe Wirtschaftswissenschaften. Stuttgart - New York: Gustav-Fischer-Verlag, 1979.

/3/ Chandler, A.D. Jr.:
Strategy and structure.
Capters in the History of the Industrial Enterprise,
Cambridge, Mass. 1962.

/4/ Jermakowicz, W.:
Dezentralisierungsgrad von Organisationsstrukturen und die Effizienz kreativer, adaptiver und produktiver Organisationen.
Zeitschrift für Organisation (1980) Nr. 3, S. 72 - 78.

/5/ Lawrence, P.; Lorsch, J.:
Organisation and Environment.
Boston, Harvard Business School, Division of Research, 1967.

/6/ Pugh, D.S.; Hickson, P.J.; Hinings, C.R.; Turner, C.:
Dimension of Organisation Structure.
ASQ Vol. 14 (1969) X. 91 - 114.

/7/ Szyperski, N.:
Gegenwärtiger Stand und Tendenzen der Entwicklung betrieblicher Informationssysteme.
in: Probleme beim Aufbau betrieblicher Informationssysteme.
München: Verlag Moderne Industrie 1973.

/8/ Evers, H.:
Die Strukturierung von Organisationen:
Probleme und Möglichkeiten theoretischer Aussage-systeme.
Dissertation TU München 1975.

/9/ Staehle, W.H.:
Organisation und Führung sozio-technischer Systeme.
Stuttgart: F. Enke Verlag 1973.

/10/ Bühner, R.:
Organisationsgestaltung von Informationssystemen.
Dissertation Universität Augsburg 1973.

/11/ Kölle, H.-J.:
Entwicklung von Verfahren zur Terminplanung und -steuerung bei flexiblen Montagesystemen.
Dissertation Universität Stuttgart 1981
veröffentlicht als Band 54 der Fachbuchreihe "IPA Forschung und Praxis" im Springer-Verlag Berlin Heidelberg New York 1981.

/12/ Lederer, K.-G.:
Fertigungssteuerung bei flexiblen Arbeitsstrukturen
Dissertation Universität Stuttgart 1977
veröffentlicht in der Schriftenreihe "IPA Forschung und Praxis" im Krausskopf Verlag Mainz 1978.

/13/ Maier, U.:
Arbeitsgangterminierung mit variabel strukturierten Arbeitsplänen.
Dissertation Universität Stuttgart 1980
veröffentlicht als Band 38 in der Fachbuchreihe "IPA Forschung und Praxis" im Springer-Verlag Berlin Heidelberg New York 1980.

/14/ Nieß, P.S.:
Kapazitätsabgleich bei flexiblen Fertigungssystemen.
Dissertation Universität Stuttgart 1980
veröffentlicht als Band 39 in der Fachbuchreihe
"IPA Forschung und Praxis" im Springer-Verlag
Berlin Heidelberg New York 1980.

/15/ Dorloff, F.D.:
Entwicklung eines EDV-gestützten Planungsmodells
zur kombinierten Produktionsprogramm-, Produktionsvollzugs- und Materialbereitstellungsplanung bei
marktorientierter, mehrstufiger Sortenfertigung.
Dissertation RWTH Aachen, 1975.

/16/ Neuvians, G.:
Dynamische Bestands- und Produktionsplanung bei
einstufiger Fertigung.
Berlin/New York: Walter de Gruyter 1971.

/17/ Sutter, H.:
Computerunterstützte Produktionsplanung in der chemischen Industrie. (Betriebswirtschaftliche Studien;
BD. 30).
Berlin: E. Schmidt Verlag 1976

/18/ Baetge, J.:
Erfolgskontrolle mit Kennzahlen (2).
Fortschrittliche Betriebsführung und Industrial Engineering 29 (1980) Nr. 1, S. 13 - 17

/19/ Gaitanides, M.:
Aufgabenstrukturplanung und Flexibilität von
Produktionsprozessen.
Zeitschrift für Betriebswirtschaftliche Forschung
ZfB 3 (1980) S. 231 - 239.

/20/ Oertli-Cajacob, W.:
Praktische Wirtschaftskybernetik.
München/Wien: Carl Hanser Verlag 1977.

/21/ Olivier, G.:
Material- und Teiledisposition.
Bonn: Stollfuß Verlag 1977.

/22/ Colding, B.N.:
Productivity Gains through the Realization of the integrated Manufacturing-System today: Limited Manpower Production at low cost.
Proceedings of the World Productivity Congress, Detroit, Mich. (1981), American Institute of Industrial Engineers (AIIE), S. 688 - 697.

/23/ Streck, B.:
Die Bestimmung optimaler Kapazitäten von betrieblichen Subsystemen.
in Krüger, K.; Rühl, G.; Zink, K.J. (Hrsg.):
Industrial Engineering und Organisationsentwicklung im kommenden Dezemium.
München: Carl Hanser Verlag 1979.

/24/ Kettner, H.-J.:
Neue Wege der Bestandsanalyse im Fertigungsbereich.
Fachbericht des Arbeitsausschusses Fertigungswirtschaft (AwF) der Deutschen Gesellschaft für Betriebswirtschaft (DGfB). Hannover 1976.

/25/ Bock, H.h.:
Automatische Klassifikation.
Göttingen: Vandenhoeck & Ruprecht 1974.

/26/ Vogel, F.:
Probleme und Verfahren der numerischen Klassifikation.
Göttingen: Vanderhoeck & Ruprecht 1975.

/27/ Rabus, G.:
Entwicklung einer Betriebstypologie für den Maschinenbau zum überbetrieblichen Vergleich von Fertigungssteuerungs-Verfahren.
Dissertation Universität Stuttgart 1980
veröffentlicht als Band 43 in der Fachbuchreihe "IPA Forschung und Praxis" im Springer-Verlag Berlin Heidelberg New York 1981.

/28/ Steinhausen, D.; Langer, K.:
Clusteranalyse.
Berlin: Walter de Gruyter 1977.

/29/ Späth, H.:
Cluster-Analyse-Algorithmen zur Objektklassifizierung und Datenreduktion.
München/Wien: R. Oldenbourg Verlag 1975.

/30/ Johnson, S.C.:
Hierarchical clustering schemes.
Psychometrika 32 (1967) Nr. 3, S. 241 - 253

/31/ von Strauch, R.:
Variantenanalyse und ihre Anwendung in der Montage bei Serienfertigung.
in: Proceedings in Operations Research 8, Würzburg-Wien: Physica-Verlag 1979, S. 207 - 208.

/32/ New, C.C.:
Managing the manufacture of complex products.
London: Business Books 1979.

/33/ o.V.:
Elektronische Datenverarbeitung bei der Produktionsplanund und -steuerung.
VDI-Taschenbuch T77. Düsseldorf: VDI-Verlag 1976.

/34/ Wilhelm, K.G.:
Technisch-organisatorische Informationssysteme.
Vorlesungsmanuskript zur gleichnamigen Vorlesung am Institut für Industrielle Fertigung und Fabrikbetrieb.
Stuttgart 1980.

/35/ Nie, N.H.; Hull, C.H.; Jenkins, J.G.; Steinbrenner, K.; Beut, D.H.:
Statistik Programm-System für die Sozialwissenschaften SPSS 8.
Stuttgart/New York: Gustav-Fischer-Verlag 1980.

/36/ Soom, E.:
Neue Methoden der Berechnung von Sicherheitsbeständen.
Fortschrittliche Betriebsführung und Industrial Engineering 25 (1976) Nr. 2, S. 91 - 97.

/37/ Wolf, M.:
Fertigungszellen - ein Beitrag zu ihrer Planung und Steuerung.
Dissertation Universität Stuttgart 1978
veröffentlicht als Band 9 der Fachbuchreihe
"Berichte aus dem Institut für Werkzeugmaschinen der Universität Stuttgart"
Technischer Verlag Günter Großmann
Stuttgart-Vaihingen 1979.

/38/ Weber, G.:
Teilefamilien-Fertigungskonzepte zur Produktionsablaufklassifizierung.
Vortragsmanuskript 13. IPA-Arbeitstagung,
Böblingen 1981.

/39/ Burbidge, J.L.:
Grouptechnologie in the Engineering Industry.
London: Mechanical Engineering Publications LTD, 1979.

/40/ de Beer, C.; van Gerwen, R.; de Witte, J.:
Analysis of Engineering Production Systems as a Base of Product-oriented Reconstruction.
Annals of the CIRP 25 (1976) Nr. 1, S. 439 - 441.

/41/ Moll, W.-P.:
Maschinenbelegung mit EDV.
Dissertation Universität Stuttgart 1974.
veröffentlicht in: Fachbuchreihe "werkzeugmaschine international" Band 6, Vogel-Verlag Würzburg.

/42/ Lueg, H.:
Systematische Fertigungsplanung.
Dissertation Universität Stuttgart 1974.
veröffentlicht in: Fachbuchreihe "werkzeugmaschine international" Band 5, Vogel-Verlag Würzburg.

/43/ Augustin, S.; Helletsberger, G.:
Von der Betriebsdatenerfassung zum Rechnerverbund; dezentrale Subsysteme im Werkstatt- und Lagerbereich.
Vortrag auf der Jahrestagung der Gesellschaft für Fertigungssteuerung und Materialwirtschaft, Berlin 1979.

/44/ Dichtl, E.; Schobert, R.:
Ein Verfahren zur Aggregation von Elementen zu organisatorischen Einheiten.
in: Weinhold-Stünzi, H: Unternehmung und Markt.
Zürich: Verlag Moderne Industrie 1978.

/45/ Freudenthaler, B.; Maier, B.:
Die Entwicklung eines Datenmodells aus Informationsbedarfsanalysen - ein Klassifikationsproblem.
Angewandte Informatik 12 (1977) S. 522 - 532.

/46/ Müller-Merbach, H.:
Operations Research.
München: Verlag Franz Vahlen 1973.

/47/ Bumba, F.:
Simultane Produktions- und Investitionsprogrammplanung im Anlagenbau mit Hilfe der linearen Planungsrechnung.
Dissertation Universität Erlangen-Nürnberg 1974.

/48/ Kirchgraber, D.:
MPOS-Multi Pupose Optimization System.
User Manual des Rechenzentrums der Universität Stuttgart, 1977.

/49/ Singer, P.:
Automatisches Klassifizierungssystem für die fertigungsorientierte optimale Teile-Familienbildung und -steuerung unter Einsatz der EDV.
Dissertation Universität Mannheim 1978.

/50/ Warnecke, H.-J.; Osman, M.; Weber, G.:
Gruppentechnologie-Einsatzbreite, Verfahren und betriebsorganisatorische Anpassung.
Fortschrittliche Betriebsführung und Industrial Engineering 29 (1980) Nr. 1, S. 5 - 12.

/51/ Wilhelm, K.G.:
Steuerung des Umlaufbestandes in einem Unternehmen der Automobilindustrie.
Vortragsmanuskripte zur 13. IPA-Arbeitstagung, Böblingen 1981.

/52/ Hoff, M.; Kölle, H.-J.:
Alternative Konzepte zur Bereitstellungsorganisation.
Vortragsmanuskript 13. IPA-Arbeitstagung, Böblingen 1981.

/53/ Weber, G.; Scheifele, M.:
Steigerung der Flexibilität in der Produktion durch Produktionsprogrammplanung.
Vortragsmanuskript zum VDI-Seminar "Erhöhung der Flexibilität durch eine situationsgerechte Fertigungssteuerung" Stuttgart 1981.

/54/ Brockhoff, K.:
Prognoseverfahren für die Unternehmensplanung.
Wiesbaden: Dr. Th. Gabler Verlag 1977.

/55/ Assfalg, H.:
Lagerhaltungsmodelle für mehrere Produkte.
in Angermann, A. (Hrsg.): Beiträge zur Datenverarbeitung und Unternehmensforschung.
Meisenheim am Glan: Verlag Anton Hain 1976.

/56/ Soom, E.:
Integrierte Produktionsplanung und -steuerung.
Bern und Stuttgart: Verlag Technische Rundschau im Hallwag Verlag 1974. (Blaue TR-Reihe Heft 112).

/57/ Schneider, H.:
Die Einhaltung eines Servicegrades bei (s,S) - Lagerhaltungspolitiken.
Zeitschrift für Operations Research, (1978) Band 22, S. B 119 - B 144.

/58/ Schirmer, A.:
Dynamische Produktionsplanung bei Serienfertigung.
Betriebswirtschaftlicher Verlag Dr. Th. Gabler, Wiesbaden 1980.

/59/ Groff, G.K.:
A lot sizing Rule of time-phased component demand.
Production and Inventory management 20 (1979) Nr. 1, S. 47 - 53.

/60/ Blackburn, J.D.; Millen, R.A.:
Selecting a Lot-Sizing Technique for a single level assembly process.
Part I: Analytical result.
Production and Inventory Management 20 (1979) Nr. 3, S. 42 - 47.
Part II: Empirical results.
Production and Inventory Management 20 (1979) Nr. 4, S. 41 - 50.

/61/ Osman, M.:
Untersuchung von Verfahren der Reihenfolgeplanung und ihre Anwendung bei Fertigungszellen.
Dem Fachbereich Fertigungstechnik der Universität Stuttgart eingereichtes Dissertationsmanuskript, Stuttgart 1980.

/62/ Frieling, E.; Kölle, J.H.; Maier, W.; Reiser, A.; Scheiber, R.E.; Weber, G.:
Entwicklung von Konzeptionen zur Fertigungssteuerung bei neuen Arbeitsformen. Teil 1
Forschungsbericht HA80-047 (1,2) "Humanisierung des Arbeitslebens" des Bundesministeriums für Forschung und Technologie, 1980.

/63/ Schlauch, R.:
Verfahren der kurzfristigen Fertigungssteuerung bei hochautomatisierten flexiblen Fertigungssystemen.
Vortragsmanuskripte zum VDI-Seminar "Erhöhung der Flexibilität durch eine situationsgerechte Fertigungssteuerung" Stuttgart, 1981.

/64/ Gentner, R.:
Modelle von Informationssystemen zur kurzfristigen Fertigungssteuerung und ihre Gestaltung nach betriebsspezifischen Gesichtspunkten.
Dissertation Universität Stuttgart 1981
veröffentlicht als Band 53 der Fachbuchreihe "IPA Forschung und Praxis" im Springer-Verlag Berlin Heidelberg New York 1981.

/65/ Ulrich, H.:
Die Unternehmung als produktives soziales System.
Bern, Stuttgart: Verlag Paul Haupt 1970. 2. Aufl.

/66/ Jermakowicz, W.:
Organisationsstrukturen produktiver, adaptiver und kreativer Organisationen.
Zeitschrift für Organisation (1980) Nr. 4, S. 191 - 200.

/67/ Likert, R.:
Neue Ansätze der Unternehmensführung.
(deutsche Übersetzung von New Pattern of Management).
Bern 1970.

/68/ Stinnes, A.H.:
Simultane Produktionsprogramm-, Kapazitäts- und Preisplanung in Unternehmen mit saisonalem Absatzverlauf mit Hilfe von Methoden des Operations Research.
Dissertation RWTH Aachen 1974.

10 Anhang

10.1 Organisations-, Funktionsmodelle des Produktionssystems

10.2 Beschreibung des Programms TEMAX zur Produktstrukturdifferenzierung

10.3 Beschreibung des Programms CLUSTUS zur Clusteranalyse

10.1 Organisations- und Funktionsmodelle des Produktionssystems

Eine Systematisierung von Organisations- und Funktionsmodellen wird mit Hilfe mehrerer Organisationsmerkmale entwickelt. Das Ergebnis sind Kombinationen dieser Merkmale, im folgenden Organisations- und Funktionstypen genannt, die nach den in der Praxis eingesetzten Modellen ausgerichtet sind.

Organisationsmodell "Aufbauorganisation"

Organisationstypen der Aufbauorganisation (Bild 42) unterscheiden sich in den Merkmalen *Organisationsprinzip*, *Dezentralisierungsgrad* und in *Handlungsspielraum*.

MERKMALE / ORGANISATIONSTYPEN AUFBAU-ORGANISATION	ORGANISATIONSPRINZIP			VERTIKALER DEZENTRALISIERUNGSGRAD			HORIZONTALER DEZENTRALISIERUNGSGRAD			HANDLUNGSSPIELRAUM		
	Linienorientiert	Funktional	Organisch	Niedrig	Mittel	Hoch	Niedrig	Mittel	Hoch	Niedrig	Mittel	Hoch
ABO 1	●			●					●		●	
ABO 2	●			●				●		●		
ABO 3		●			●			●			●	
ABO 4		●			●		●			●		
ABO 5			●			●	●				●	
ABO 6			●			●		●				●

ABO 1 : Linienstruktur
ABO 2 : Stab-Linien-Struktur
ABO 3 : Matrix-Struktur
ABO 4 : Funktionale Struktur
ABO 5 : Hypride Struktur
ABO 6 : Kollegial-Überlappende Struktur

Bild 42: Organisationsmodell Aufbauorganisation

Linienstrukturen zeichnen sich durch Konzentration aller Funktionen auf die Unternehmensleitung aus. Die Leitung wirkt nicht kontinuierlich auf den Planungs- und Durchführungsprozeß ein, sondern trifft die Entscheidungen von großer und mittlerer Tragweite und kontrolliert die Ausführungen der Entscheidung /66/. Funktionale Strukturen zeichnen sich durch eine Spezialisierung der Leitung auf die mittlere Ebene aus. Entscheidungen mittlerer und niedriger Auswirkungen werden auf die unteren Ebenen übertragen. - Hierarchische Bindungen werden dadurch aufgelockert. Organische Strukturen können als "antihierarchisch" bezeichnet werden. Die Verbindungen zwischen den Ebenen sind lose über ein Informationssystem verknüpft und dienen nur teilweise Leitungs- und Entscheidungskompetenzen /67/.
Der vertikale Dezentralisierungsgrad hängt von der Intensität der vertikalen Verbindungen und damit der Delegierung von Entscheidungskompetenzen ab. Der horizontale Dezentralisierungsgrad beschreibt die Intensität der horizontalen Beziehungen auf den einzelnen Funktionsebenen und steht für die Aufgabengliederung und -teilung.

Die aus der Kombination der beschriebenen Merkmale abgeleiteten Organisationstypen sehen neben bereits seit Jahren in der Praxis eingeführten Arten der Aufbauorganisation als interessante Entwicklungsansätze die h y b r i d e und die k o l l e g i a l-ü b e r l a p p e n d e Struktur vor /68/.

Organisationsmodell "Informationssystem"

Insbesondere die hybride und kollegial-überlappende Struktur des Modells "Aufbauorganisation" benötigen zur befriedigenden Funktionserfüllung ein auf ihre Belange abgestimmtes Informationssystem. Die Organisationstypen "Informationssystem" beinhalten den Aufbau und die Ausstattung von Hilfsmitteln des Informationssystems (Bild 43).

Als Merkmale dienen die E i n s a t z s t u f e n und die S y s t e m k l a s s e n , die in ihrer Ausprägung den Grad der EDV-Durchdringung für die Aufgabendurchführung des Produktionssystems beschreiben.

MERKMALE / ORGANISATIONSTYPEN INFORMATIONS-SYSTEM	EINSATZSTUFEN					SYSTEMKLASSEN			
	Übertragung			Verarbeitung		zentral		dezentral	
	konventionell	off-line	on-line	batch	real-time	mit zentraler Peripherie	mit dezentraler Peripherie	partiell	vollständig
INFO 1	●								
INFO 2	●			●		●			
INFO 3		●		●			●		
INFO 4			●		●		●		
INFO 5			●	●	●			●	
INFO 6			●		●				●

INFO 1 : ohne EDV - Unterstützung
INFO 2 : zentrale EDV
INFO 3 : EDV mit Datensammelsystemen
INFO 4 : EDV mit Auskunftsystemen (zentrale Datenbank)
INFO 5 : Rechnerverbundsystem (Dialogfähig) mit Teilvermaschung
INFO 6 : Rechnerverbundsystem (vertikale Datenbanken) mit Vollvermaschung

□ Rechner
○ passives Terminal

Bild 43: Organisationsmodell Informationssystem

Die Einsatzstufen unterscheiden sich in der Art der Übertragung und der Verarbeitung von Informationen. So bedingt beispielsweise eine Off-line-Übertragung eine Stapelverarbeitung, während eine On-line-Übertragung eine Stapel- oder Echtzeitverarbeitung zuläßt /64/.
Die Systemklassen beziehen sich auf den Automatisierungsgrad sowie auf die Aufbaustruktur des Informationssystems und werden von Kriterien wie Transparenz, Informationsbedarf, Frequenz des Informationsanfalls usw. festgelegt.

Insgesamt lassen sich sechs Organisationstypen ableiten, die von einem manuell geführten Informationssystem bis zu einem vollvermaschten Rechnerverbundsystem mit verteilten Datenbanken reichen.

Funktionsmodell "Produktion-Absatz"

Das Funktionsmodell "Produktion-Absatz" (Bild 44) kennzeichnet die vorhandenen Möglichkeiten der Produktionsplanung auf interne und externe Störungen zu reagieren. Das auf die K a p a z i t ä t bezogene Merkmal trifft die Entscheidung zwischen einem starren Kapazitätsangebot und einem variablen. Ein variables Kapazitätsangebot ist in Form einer Kapazitätsanpassung durch Überstunden, variable Arbeitszeit bzw. die Fremdvergabe von Aufträgen denkbar. Die L i m i t i e r u n g v o n L a g e r b e s t ä n d e n und Kapazität dient dem Ziel der Umlaufvermögenssenkung und ist Aufgabe der Lagerhaltungspolitik. Beim M e h r p r o d u k t m o d e l l stellt sich die Frage, ob der Ausgleich eines schwankenden Kapazitätsangebotes zwischen zwei oder mehreren Produkten vollzogen werden kann (Substitution).

MERKMALE / ORGANISATIONSTYPEN PRODUKTION-ABSATZ	PERSONAL-, BETRIEBSMITTEL-KAPAZITÄT		LAGERBESTANDS-MENGE		LAGER-KAPAZITÄT	ABSATZ-MENGE	PRODUKTIONS-MENGE	MEHR-PRODUKT-MODELL
	Fest	Variabel	Fest	Variabel	Begrenzt	Schwankend	Schwankend	Berücksichtigt
PRA 1	●		●		●			
PRA 2		●	●		●			
PRA 3	●			●		●		
PRA 4		●		●		●		●
PRA 5	●			●	○	●	●	

PRA 1 : Keine Angleichung an Absatzmarkt
PRA 2 : Produktionsmengenveränderung (Synchronisationsprinzip)
PRA 3 : aktive Lagerhaltung (Emanzipationsprinzip)
PRA 4 : Stufenweise Kapazitäts- / Bestandsanpassung (Stufenprinzip)
PRA 5 : Abstimmung durch Ergänzung / Kompensation (Ausgleichsprinzip)

○ teilweise zutreffend

Bild 44: Funktionsmodell Produktion-Absatz

Insgesamt ergeben sich fünf Funktionstypen für die Produktion-Absatz-Bewirtschaftung. Das Synchronisationsprinzip sieht die Angleichung von Kapazität und Absatzmenge vor und ist mit grossen innerbetrieblichen Problemen behaftet. Das am häufigsten eingesetzte Emanzipationsprinzip geht, zum Ausgleich von saisonalen Schwankungen, von einer aktiven Bevorratung aus, was bedeutet, daß bei konstantem Kapazitätsangebot in Zeiten eines geringen Absatzes für Zeiten eines hohen Absatzes gefertigt und bevorratet wird.

In vielen Unternehmen treten die beschriebenen Organisationstypen parallel auf /68/.

Funktionsmodell "Mengenbewirtschaftung"

Die Mengenbewirtschaftung dient der termingerechten Bereitstellung einer ausreichenden Menge von Teilen und Materialien am Bedarfsort und dient gleichzeitig der Planung (Disposition) von wirtschaftlichen Beschaffungsmengen (Bild 45).

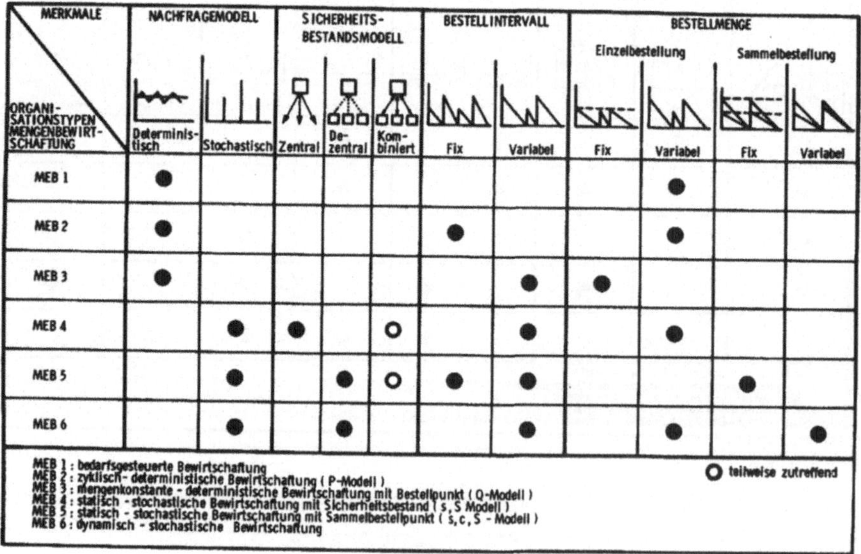

MERKMALE / ORGANISATIONSTYPEN MENGENBEWIRTSCHAFTUNG	NACHFRAGEMODELL		SICHERHEITS-BESTANDSMODELL			BESTELLINTERVALL		BESTELLMENGE Einzelbestellung		BESTELLMENGE Sammelbestellung	
	Deterministisch	Stochastisch	Zentral	Dezentral	Kombiniert	Fix	Variabel	Fix	Variabel	Fix	Variabel
MEB 1	●								●		
MEB 2	●					●			●		
MEB 3	●						●	●			
MEB 4		●	●		○		●		●		
MEB 5		●		●	○	●	●			●	
MEB 6		●		●			●		●		●

MEB 1 : bedarfsgesteuerte Bewirtschaftung
MEB 2 : zyklisch- deterministische Bewirtschaftung (P-Modell)
MEB 3 : mengenkonstante - deterministische Bewirtschaftung mit Bestellpunkt (Q-Modell)
MEB 4 : statisch - stochastische Bewirtschaftung mit Sicherheitsbestand (s, S Modell)
MEB 5 : statisch - stochastische Bewirtschaftung mit Sammelbestellpunkt (s, c, S - Modell)
MEB 6 : dynamisch - stochastische Bewirtschaftung

○ teilweise zutreffend

Bild 45: Funktionsmodell Mengenbewirtschaftung

Je nach Auftragsart kann die Beschaffungsmenge aus dem Bedarf d e t e r m i n i s t i s c h abgeleitet oder der zukünftige Verbrauch s t o c h a s t i s c h , d.h. mit einer bestimmten Wahrscheinlichkeit, den Berechnungen zugrundegelegt werden.
Der S i c h e r h e i t s b e s t a n d (SB) ist zur Abdeckung der Unsicherheiten, die sich aus schwankenden Nachfrageverläufen und ungenauen Vorhersagen ergeben, notwendig. Eine dezentrale Sicherheitsbestandsrechnung bestimmt die Sicherheitsbestände, im Gegensatz zur zentralen, nicht direkt aus der Nachfrage, sondern aus den Veränderungen der Verbrauchsgeschwindigkeit einer übergeordenten Fertigungsstufe /56/.
Die weiteren Merkmale beschreiben den Z e i t p u n k t und die M e n g e für das Mengenbewirtschaftungssystem.

Funktionstyp <u>bedarfsgesteuerte Bewirtschaftung</u> tritt überwiegend bei Einzelfertigung oder in Kombination mit anderen Typen auf. Der Bedarf wird hier direkt aus den Kundenbestellungen ermittelt.
Das <u>P-Modell</u> gehört zur Gruppe der <u>zyklischen Modelle</u>. In festen zeitlichen Abständen wird eine variable Bestellmenge, die aus dem Bedarf während des Zykluses berechnet wird, eingelagert. Diese ergibt sich als Differenz zwischen einem definierten Maximalbestand und dem zum Bestellzeitpunkt effektiv vorhandenen Lagerbestand.
Das <u>Q-Modell</u> ist dadurch gekennzeichnet, daß das <u>Bestellintervall variabel</u> ist und sich dem Bedarf und den jeweiligen Lagerbeständen anpaßt. Die Bestellmenge ist fest. Der Bestellzeitpunkt ergibt sich durch Unterschreiten der Bestellgrenze.
Das <u>s-S-Modell</u> ist dem Q-Modell ähnlich und unterscheidet sich nur dadurch, daß die Bestellmenge nicht mehr konstant ist, sondern sich entsprechend dem P-Modell als Differenz zwischen Maximalbestand und dem effektiven Bestand nach Unterschreiten der Bestellgrenze ergibt.
Eine Erweiterung dieses Organisationstyps ist die Mengenbewirtschaftung mit <u>Sammelbestellung</u> (s-c-S-Modell). Bei diesem Modell wird ein kurzzyklisches Repräsentativprodukt ausgewählt und diejenigen Nebenprodukte jeweils mit aufgelegt, deren Lagerbestand minimal ist /63/.

Die dynamische Bewirtschaftung gewichtet die Bedarfsmengen und berechnet jeweils in Abhängigkeit des zukünftigen Bedarfs die wirtschaftlichste Bestellmenge. Typisch für die Sortenfertigung ist die Anwendung mehrerer Organisationstypen auf unterschiedlichen Fertigungsstufen. So wird häufig die Teilefertigung und Beschaffung verbrauchsorientiert, die Montage bedarfsorientiert bewirtschaftet.

Funktionsmodell "Kapazitäts-, Terminbewirtschaftung"

Die Bewirtschaftung von Kapazitäten im Rahmen der Terminplanung kann einerseits durch die Veränderung von Fertigungsmengen, andererseits durch Veränderung des Kapazitätsangebotes oder -bedarfes vollzogen werden (Bild 46).

MERKMALE / ORGANISATIONSTYPEN KAPAZITÄTS-TERMINBEWIRTSCH.	MENGENBEZOGEN			TERMIN -, / KAPAZITÄTSBEZOGEN				
	Gesamtertrag	Produktart	Menge	Termin	Ablauffolge	Lossequenz	Kapazitätsangebot	Kapazitätsbelastung
	Maximal	Bewertet	Variabel	Variabel	Veränderbar	Verschiebbar	Veränderbar	Variabel
KTB 1	●	○	●		○			●
KTB 2		●	●	○				
KTB 3			●					●
KTB 4				●	●	○		●
KTB 5		○		●	●			
KTB 6	○			○		●		
KTB 7							●	

KTB 1 : Deckungsbeitragsmaximierung
KTB 2 : Diskriminierung durch Produktbewertung
KTB 3 : Mengenvariation
KTB 4 : Veränderung der Einlastungs-, Ausstoßtermine (Abgleich)
KTB 5 : Veränderung der Einlastungsreihenfolge
KTB 6 : Veränderung der Lossequenzfolge
KTB 7 : Kapazitätsanpassung

○ teilweise zutreffend

Bild 46: Funktionsmodell Kapazitäts-, Terminbewirtschaftung

Die Produktbewertung und Deckungsbeitragsmaximierung führen zur Selektierung der Aufträge nach Auftragsprioritäten. Die Mengenvariation geht von einer gleichmäßigen Stückzahlreduzierung aus, beinhaltet aber den Konflikt einer Verringerung des Lieferbereitschaftsgrades.
Die kapazitätsbezogenen Maßnahmen konzentrieren sich auf den Kapazitätsabgleich nach Folgeperioden oder Alternativmaschinen. Weitere Maßnahmen sind die Verschiebung von Lossequenzen auf spätere Starttermine, die Veränderung der Auftragsreihenfolge innerhalb einer Lossequenz sowie die Neufestlegung von Terminen. Die Kapazitätsanpassung geht von einer Fremdfertigung oder Neueinstellungen, Überstunden und Kurzarbeit beim Personal bzw. Neuinvestitionen bei den Betriebsmitteln aus.

Funktionsmodell "Betriebs-, Werkstattsteuerung"

Grundlage der Funktionstypen ist die Unterteilung der Werkstattsteuerung in die Betriebssteuerung und in die arbeitssysteminterne Werkstattsteuerung.
Die Funktionstypen 1 bis 6 stellen eine schrittweise Entwicklung ausgehend von konventionellen Formen bis zu "selbststeuernden Arbeitsgruppen" dar (Bild 47).

Die Organisationstypen werden durch die Zuordnung von Aufgaben der Werkstattsteuerung, die sich in die A r b e i t s - v e r t e i l u n g , F e r t i g u n g s f o r t s c h r i t t s - ü b e r w a c h u n g , Q u a l i t ä t s s i c h e r u n g und B e t r i e b s m i t t e l p r ü f u n g unterteilen läßt und die Funktionsträger, die für die Aufgabendurchführung verantwortlich sind, beschreiben (Bild 48).

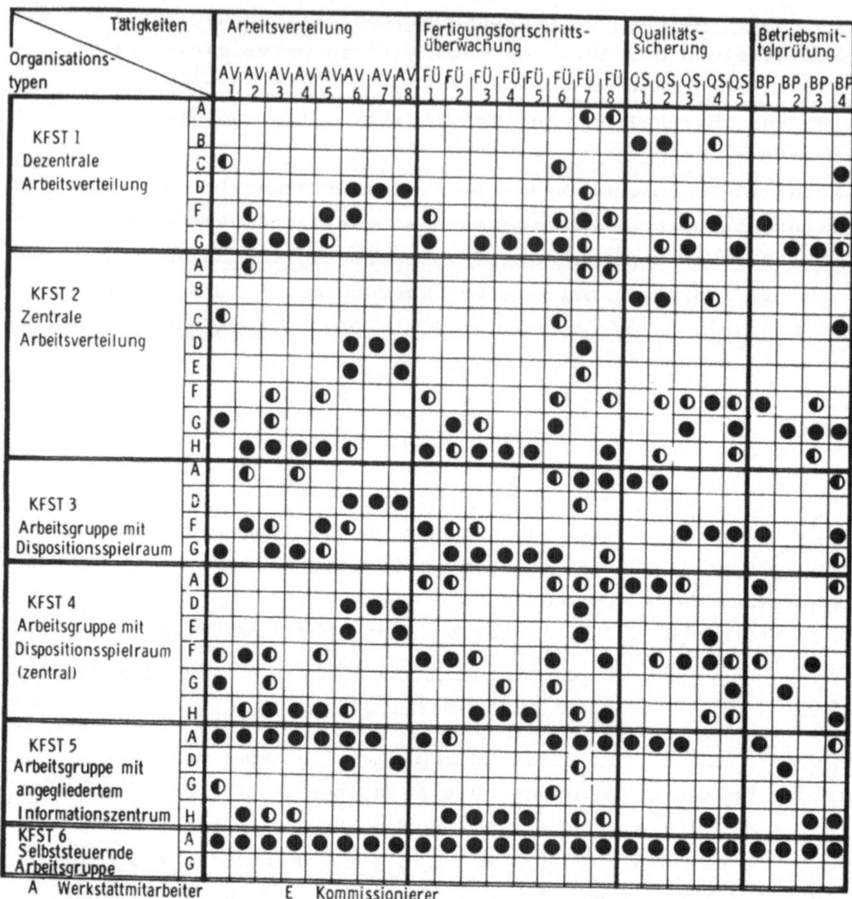

Bild 47: Funktionsmodell Werkstattsteuerung

ARBEITSVERTEILUNG (AV)	FERTIGUNGSFORTSCHRITTÜBERWACHUNG (FÜ)
AV 1 Verfügbarkeitskontrolle- Personal 2 Verfügbarkeitskontrolle- Material 3 Verfügbarkeitskontrolle- Arbeitsmittel 4 Auftragsreihenfolge festlegen 5 Auftragsbearbeitung veranlassen 6 Material bereitstellen Materialtransport 7 - innerhalb des Arbeitssystems 8 - ausserhalb des Arbeitssystems	FÜ 1 Fertigungszustand feststellen 2 Rückmeldung verantworten 3 Soll-, Istzustand vergleichen 4 Störungsmeldungen auswerten 5 Rückstandslisten erstellen Reaktion auf Störungen 6- Personal 7- Material 8- Arbeitsmittel

QUALITÄTSSICHERUNG (QS)	BETRIEBSMITTELPRÜFUNG (BP)
QS 1 Qualitätsprüfung nach Prüfungs - vorschriften 2 Entscheidung über Nacharbeit 3 Nacharbeit veranlassen 4 Ausschußmenge erfassen 5 Prüfergebnisse auswerten	BP 1 Betriebsmittel auf Qualität prüfen 2 Betriebsmittel auf Arbeitssicherheit prüfen 3 Betriebsmittelinstandhaltung veranlassen 4 Reaktion auf Störungen

Bild 48: Schlüssel zu Tätigkeiten Werkstattsteuerung

Bei der dezentralen Arbeitsverteilung wird die Verteilung der Aufträge auf die einzelnen Arbeitsplätze vom Meister ausgeführt. Die Einzelaufgaben der Arbeitsverteilung und Fertigungsfortschrittsüberwachung werden vom Meister, Vorarbeiter oder Springer gemeinsam wahrgenommen. So konzentrieren sich die Aufgaben des Meisters auf die Koordination zwischen Betriebsbereichen, die Qualitätssicherung und den Personaleinsatz, während die Schwerpunkte des Vorarbeiters bei Aufgaben der Überwachung von Leistung, Fertigungsfortschritt und Störungsbeseitigung liegen. Die Aufgaben der Werkstattmitarbeiter sind ausschließlich auf manuelle Tätigkeiten an deren Arbeitsplatz beschränkt. Die Qualitätsprüfung wird vom Kontrollpersonal des Qualitätswesens durchgeführt.
Bei der zentralen Arbeitsverteilung beziehen sich in der Regel die Aufgaben des Meisters auf die Personalführung, technische Ausbildung und Qualitätssicherung. Die Betriebssteuerung wird von einem Leitstand wahrgenommen. Die Aufgabe des Leitstandes sind die Veranlassung der Auftragsbearbeitung und die Materialversorgung der Arbeitssysteme.

Ferner werden im Rahmen der Arbeitsverteilung die Arbeitsvorgänge eines Auftrages den Fertigungseinrichtungen zugeordnet und im Leitstand geführt. Das Kommissionier- und Transportpersonal für die Materialbereitstellung ist ebenfalls dem Leitstandspersonal unterstellt. Die Rückmeldung von Fertigungsfortschrittsdaten wird vom Vorarbeiter an den Leitstand veranlaßt.

Bei Arbeitsgruppen mit Dispositionsspielraum (zentral und dezentral) nehmen die Werkstattmitarbeiter die Qualitätsprüfung wahr und entscheiden über die Nacharbeit oder führen diese selbst durch. Die bisherige Zuständigkeit für die Qualitätsprüfung wird damit vom Qualitätswesen auf den Produktionsbereich verlagert. Das Transportpersonal fällt nicht mehr allein in den Kompetenzbereich der Arbeitsverteilung, sondern wird als Funktionsträger des Arbeitssystems aufgefaßt. Für die Mitarbeiter wird es durch Veränderungen im technischen System möglich, ihre persönliche Verteilzeit individuell zu nehmen, was die Funktion des Springers ersetzt.

Der Organisationstyp "Arbeitsgruppe mit eingegliedertem Informationszentrum" geht von der zentralen Arbeitsverteilung KFST 2 aus. Der Leitstand ist nicht mehr durchsetzende Institution, sondern beratendes Organ. Ein Informationszentrum kann für mehrere Arbeitssysteme eingerichtet sein. Im Arbeitssystem werden sämtliche Funktionen der Werkstattsteuerung mit Unterstützung durch das Informationszentrum wahrgenommen, dem auch die Betriebssteuerung obliegt. Die arbeitssysteminternen Aufgaben beziehen sich auf die Materialversorgung des Arbeitssystems, den Personaleinsatz und die Überwachung der vorgegebenen Termine.

Die selbststeuernde Arbeitsgruppe verfügt über ein breites Tätigkeitsspektrum und einen Dispositionsspielraum zur Aufgabendurchführung. Die Entscheidungskompetenz liegt ausschließlich bei den Werkstattmitarbeitern. Die Mehrzahl der Werkstattmitarbeiter führt dispositive Tätigkeiten aus. Die Arbeitsgruppe verfügt über einen Gruppenleiter. Die Funktionsträger wechseln in einem von der Gruppe bestimmten Zyklus, so daß nach einem bestimmten Zeitablauf jeder Werkstattmitarbeiter auch Gruppenleiter ist. Ebenso übernimmt jeder für eine Zeitperiode die Funktion des Transportarbeiters. Die arbeitssystemübergreifenden Funktionen der Betriebssteuerung sowie die Koordination zu anderen Bereichen und zwischen den Gruppen wird entweder von der Gruppe selbst oder von der Betriebssteuerung nach Anweisung durch die Gruppen übernommen. Besonders vorteilhaft bei der Selbststeuerung sind die relativ geringen Informationswege, da ein Großteil der Entscheidungen für das Arbeitssystem auf der Ebene der Informationsentstehung vollzogen wird.

Organisationsmodell "Fertigungsablauf"

Die im folgenden beschriebenen Merkmale beschreiben S t r u k - t u r und E l e m e n t e der Ablauforganisation des Fertigungsprozesses. Bezüglich der terminlichen und mengenmäßigen Verknüpfung können aus den Grundfolgen des Fertigungsablaufes fünf Organisationstypen abgeleitet werden (Bild 49).

Die V i e l s e i t i g k e i t beschreibt die Anzahl der Werkstücke, Teile oder Varianten, die in einem abgegrenzten Fertigungssubsystem gefertigt werden können. Das Merkmal "Eintyp" beschreibt z.B. eine Transferstraße, die nur einen Teiletyp bearbeiten kann. Dagegen ist unter Gesamtspektrum ein universelles Fertigungssubsystem zu verstehen.

MERKMALE / ORGANISATIONSTYPEN FERTIGUNGSABLAUF	VIELSEITIGKEIT (Erzeugnistypbezogen)			FERTIGUNGSSTUFEN		LAGERHALTUNGSSTUFENART		ABLAUF VERNETZUNG		
	Eintyp	Mehrtyp	Gesamtspektrum	einstufig	mehrstufig	Pufferlager	Zwischenlager	einpfadig	mehrpfadig parallel	mehrpfadig vernetzt
FA 1	●	●	●	●				●	●	
FA 2	●		●		●	●		●		
FA 3		●			●	●	●		●	
FA 4		●			●	●	●			●
FA 5			●		●	●	●			●

FA 1 : zentralisierte Fertigung (parallel)
FA 2 : verrichtungsorientierte Ein-, (Gesamt-) produkt - Fertigung (Reihenstruktur)
FA 3 : mehrstufige, unabhängige Fertigung (Parallelstruktur)
FA 4 : mehrstufige, teilverknüpfte Fertigung (verknüpfte Struktur)
FA 5 : verrichtungsorientierte Mehrprodukt Fertigung (verknüpfte Struktur)

Bild 49: Organisationsmodell Fertigungsablauf

Der Begriff F e r t i g u n g s s t u f e beinhaltet jeweils die Tätigkeits- und Prozeßfolge zwischen zwei Lagerungen /52/. Die A b l a u f v e r n e t z u n g kennzeichnet die Kompliziertheit von Elementen und Beziehungen des Fertigungsablaufes.

Innerhalb der fünf Organisationstypen steht einer einstufigen, terminorientierten Fertigung der Typ mehrstufige, mengenorientierte Fertigung gegenüber, der sich dann ergibt, wenn Baugruppen und Endprodukte in unabhängigen Losen auf mehreren Fertigungsstufen gefertigt werden. Je nach Produktaufbau und technologischen Gegebenheiten wird innerhalb dieser Gruppe zwischen verknüpften und parallel nichtverknüpften Fertigungsabläufen unterschieden.

Funktionsmodell "Montage"

Das Funktionsmodell Montage verfügt, bedingt durch die Vielfalt der Gliederungsmerkmale in der Montage, über neun Funktionstypen (Bild 50).

MERKMALE / ORGANISATIONSTYPEN-MONTAGE	ORGANISATIONSPRINZIP		VERKNÜPFUNGEN VOR - ENDMONTAGE				ARBEITSFORM			ARBEITSPLATZWECHSEL		ARBEITSPLATZPUFFER	
	Einzelsystem	Parallelsystem	Fließliniensystem	Montagegruppensystem	Kombinationssystem	Zentrales Endmontagesystem	Keine Gruppenarbeit	Gruppenarbeit	Einzelarbeit	Möglich	Nicht möglich	Vorhanden	Nicht vorhanden
MO 1	●		●				●				●		●
MO 2	●		●				●				●	●	
MO 3		●	●					●		●		●	
MO 4		●		●			●				●	●	
MO 5		●		●				●		●		●	
MO 6		●			●			●		●		●	
MO 7	●					●		●			●	●	
MO 8		●		●					●	●		●	
MO 9		●			●				●	●		●	

MO 1: konventionelles Fließsystem
MO 2: Fließsystem mit Abschnitts-/ Arbeitsplatzpuffer
MO 3: neustrukturierte Fließsysteme mit Abschnittsgruppen
MO 4: Kurz-Fließsysteme mit Arbeitsplatzpuffern
MO 5: neustrukturierte Montagegruppen mit dezentralen Vormontagesystemen
MO 6: neustrukturierte Montagegruppen mit zentralen Vormontagesystemen
MO 7: konventionelle Baustellenmontage
MO 8: parallele Einzelarbeitsplätze mit dezentraler Vormontage
MO 9: parallele Einzelarbeitsplätze mit zentralem Vormontagesystem

Bild 50: Funktionsmodell Montage

Zur Beschreibung unterschiedlicher Ausprägungen der Art- und Mengenteilung werden Merkmale wie Organisationsprinzip und Verknüpfung zwischen Vor- und Endmontage herangezogen. Die Arbeitsform wird nach Arbeit in einer Gruppe, Einzelarbeit und "keine Gruppenarbeit" untergliedert, wobei letztere eine arbeitsteilige Tätigkeitsausführung ist, die keine funktionsfähige Gruppe mit interpersonellen Beziehungen und Kommunikationswegen voraussetzt.

Neben den konventionellen Fließsystemen sind im Hinblick auf die Neugestaltung der Sortenfertigung Montagegruppensysteme und Kombinationssysteme von Interesse. Das Montagegruppensystem beinhaltet die Gesamtmontage eines Produktes in einer Arbeitsgruppe, wobei das Extrem ein Einzelarbeitsplatz sein kann. Ein Kombinationssystem wird durch die Kombination von Art- und Mengenteilung bestimmt. Dabei wird jeweils eine Baugruppe zentral in einer Arbeitsgruppe für sämtliche parallel arbeitenden Endmontagegruppen vormontiert.

Funktionsmodell "Teilefertigungssystem"

Im Bereich der Teilefertigung werden die Funktionstypen durch die Merkmale Organisationsprinzip, Arbeitsform, Art der Entkopplung und Automatisierungsgrad bestimmt. Die Organisationsprinzipien beschreiben die Grundformen der Arbeitssysteme und deren Beziehungen durch die räumliche Anordnung der Betriebsmittel und ihre zeitliche Bindung (Bild 51). Beim Flußprinzip sind die einzelnen Arbeitsplätze bzw. Maschinen entsprechend der Folge des Arbeitsablaufes angeordnet. Je nach dem Grad der zeitlichen Bindung kann sich dieses Prinzip auf eine Reihenfertigung oder eine Fließfertigung beziehen.
Der Begriff Verrichtungsprinzip ist in der Praxis auch unter dem Prinzip Werkstattfertigung bekannt. Er ist gekennzeichnet durch das Zusammenfassen gleichartiger Betriebsmittel in organisatorische Einheiten wie Fräserei, Bohrerei, Dreherei usw. Das einer Fertigungszelle zugrundeliegende Zellenprinzip ist eine Mischform zwischen dem Fluß- und Verrichtungsprinzip. Grundgedanke dieser Organisationsform ist es, solche Fertigungseinheiten zu Fertigungszellen zusammenzustellen, deren

Bearbeitungstechnologie und Kapazitäten den entsprechenden Anforderungen einer Teilefamilie entspricht.

Der Begriff O r g a n i s a t i o n s f o r m bezieht sich auf die arbeitsplatzbezogene Organisation der Arbeit. Die Grundformen werden durch Ein-Maschinen-, Mehr-Maschinen-Bedienung und die Bedienungsgruppe beschrieben.

Ein Arbeitsvorrat in Form einer Puffer- bzw. die Bevorratung von Rohteilen oder Material in der Arbeitsgruppe steht für die Entkopplung von Teilefertigungssubsystemen.

Die Ausprägung des A u t o m a t i s i e r u n g s g r a d e s beschreibt das Verhältnis von automatisierten Arbeitselementen zu der Gesamtzahl der Arbeitselemente eines Subsystems. Die Bereitstellung eines automatisierten technischen Informationssystems ist mit steigendem Automatisierungsgrad eine wichtige Voraussetzung.

MERKMALE / ORGANISATIONSTYPEN TEILEFERTIGUNG	ORGANISATIONSPRINZIP			ARBEITSFORM			PUFFER / ARBEITSVORRAT		AUTOMATISIERUNGSGRAD		
	Flussprinzip	Verricht. Prinzip	Zellenprinzip	Mehr-Maschinen-bedienung	Bedienungsgruppe	Ein-Maschinen-bedienung	Vorhanden	Nicht vorhanden	Gering	Mittel	Hoch
TF 1		●		●					●		
TF 2		●			●		●			●	
TF 3	●					●	●		●	●	
TF 4	●				●			●		●	●
TF 5			●			●		●	●	●	
TF 6			●	●	●		●			●	●
TF 7			●				●				●

TF 1 : konventionelle Werkstattfertigung
TF 2 : automatisierte Werkstattfertigung (NC, CNC)
TF 3 : Reihenfertigung
TF 4 : Transferstraßen - Fertigung
TF 5 : konventionelle Fertigungszelle
TF 6 : automatisierte Fertigungszelle (NC - Nest)
TF 7 : flexibles Fertigungssystem

Bild 51: Funktionsmodell "Teilefertigung"

Funktionsmodell "Materialbereitstellung, Lagerbewirtschaftung"

Hinsichtlich der B e r e i t s t e l l u n g s f o r m wird in Bild 52 zwischen komplett- und montagesychroner Bereitstellung unterschieden. Bei der letztgenannten Form werden die Teile zu Bedarfsterminen während des Montageprozesses in die Montage eingesteuert, während im ersten Fall sämtliche zum Zusammenbau benötigten Teile zum geplanten Montagebeginn bereitgestellt werden. Innerhalb der B e r e i t s t e l l u n g s - a r t wird beim Bring-System das Material vom Personal an den Verbrauchsort gebracht, das dem Verantwortungsbereich des Lagers untersteht. Beim Hol-System erfolgt die Materialbereitstellung auf Veranlassen des Verbrauchers, z.B. des Arbeitssystems.

Die D i s p o s i t i o n s f o r m beschreibt eine Bereitstellung ohne oder mit abgezählter auftragsbezogener Stückzahl. Letzteres wird häufig unter dem Begriff Kommissionieren beschrieben.

Die z e n t r a l e L a g e r u n g bringt den Vorteil, daß die EDV-unterstützte Bestandsbuchung, die Lagerabgrenzung sowie der Einsatz von automatisierten Lager- und Bediengeräten vereinfacht wird. Die d e z e n t r a l e L a g e r u n g , die beispielsweise Fertigungssubsystemen zugeordnet wird, ist insbesondere für die Bevorratung von Teilen mit geringem Umschlag vorteilhaft.

Die L a g e r b e r e i c h s a b g r e n z u n g beschreibt die Art der Kompetenzabgrenzung Lager - Fertigung. Sofern die Fertigung die Bereitstellung vom Lager zum Arbeitssystem selbständig durchführt, ist ein offenes Lager erforderlich. Im Rahmen der Bestandsführung wird der Umlaufbestand in der Fertigung nicht extra, sondern innerhalb des Lagerbestandes geführt. Die Lagerbestandsabbuchung erfolgt hier durch eine Bedarfswermittlung nach dem Prinzip der Stücklistenauflösung der ausgelieferten Fertigungserzeugnisse. Insgesamt ergeben sich für die Materialbereitstellung, Lagerbewirtschaftung vier Funktionstypen.

MERKMALE / ORGANISATIONSTYPEN MATERIALBEREITSTELLUNG	BEREITSTELLUNGSFORM		BEREITSTELLUNGSART		DISPOSITIONSFORM		LAGERORGANISATION		LAGERBEREICHSABGRENZUNG	
	Synchron	Komplett	Bring-System	Hol-System	Nicht kommis.	kommission.	Dezentral	Zentral	Offen	Geschlossen
MB 1	●	●	●			●	○	●		●
MB 2	●	●		●		●	●	○	●	
MB 3	●			●	●			●		●
MB 4	●			●	●			●	○	●

MB 1 : bedarfsgesteuerte auftragsbezogene Bereitstellung
MB 2 : verbrauchsgesteuerte auftragsbezogene Bereitstellung
MB 3 : verbrauchsorientierte auftragsneutrale Bereitstellung (2 - Behälter - System)
MB 4 : verbrauchsorientierte auftragsneutrale Bereitstellung (Kanban - System)

Bild 52: Funktionsmodell Materialbereitstellung, Lagerbewirtschaftung

Beim Funktionstyp der bedarfsgesteuerten-auftragsbezogenen Bereitstellung wird ausgehend von einem Montageprogramm, z.B. Wochenprogramm, für das betreffende Fertigungssystem ein Beschickungsplan generiert. Gemäß den Planungsvorgaben kommissioniert das Lagerpersonal die Auftragstagesstückzahl und stellt sie am Arbeitsplatz bereit.
Die verbrauchsgesteuerte auftragsbezogene Bereitstellung wird insbesondere bei der Baustellenfertigung eingesetzt. Aus Platzgründen (z.B. voluminöse Teile) holen sich die Werkstattmitarbeiter das Material zum Bedarfszeitpunkt an ihren Arbeitsplatz. Das Material wird im Lager vorkommissioniert und in einer Bereitstellzone zwischengelagert.
Beim Zwei-Behälter-System dient ein Leerbehälter als Informationsmittel, um einen erneuten Bereitstellungsvorgang auszulösen. Voraussetzung hierfür ist die Lagerung von zwei Behältern am Arbeitsplatz. Kommt der Leerbehälter zum Lager, so wird anhand der am Behälter angebrachten Kennkarte die Teilenummer identifiziert, der Behälter gefüllt und an den Arbeitsplatz transportiert, wo er im arbeitsplatznahen Reservelagerplatz eingestellt wird.

Beim Kanban-System hat der Mitarbeiter am Arbeitsplatz eine Kartei mit Lochkarten, auf denen Daten für die Teile aufgeführt sind, die an seinem Arbeitsplatz in das Erzeugnis eingebaut werden. Gerät der Vorrat am Arbeitsplatz unter einen vorher festgestellten Bestand, so gibt der Mitarbeiter mit Hilfe der Lochkarte eine Bereitstellungs-Information an den Transporteur bzw. montagenahen Disponenten. Danach wird der Bereitstellungsvorgang ausgeführt.

1o.2 Beschreibung des Programms TEMAX zur Produktstrukturdifferenzierung (TEile Varianten MAtriX)

Für die Produktstrukturdifferenzierung wird im Rahmen der vorliegenden Arbeit ein Programm erstellt, das die Möglichkeit einer rationellen Verarbeitung umfangreicher Datenmengen, die Selektion von Daten nach unterschiedlichen Merkmalen und einen Anschluß an vorhandene Verfahren als Methodenergänzung ermöglicht (siehe Abschnitt 5.1). Das Programm TEMAX dient daher der Datenselektion und -verdichtung und stellt ein Vorprogramm zur Clusteranalyse dar. Das für die Clusteranalyse entwickelte Programm CLUSTUS wird in Abschnitt 1o.3 beschrieben. Die wesentlichen Inhalte und der Aufbau des Programms TEMAX wird im folgenden kurz umrissen (Bild 53). Da das Programm sehr umfangreich ist (63 Unterprogramme) wird auf eine detaillierte Beschreibung mit Ablaufdiagrammen verzichtet. Vielmehr wird eine verbale Beschreibung der Eingabe-, Ausgabedaten und Programmschritte vorgenommen. Die Entscheidungs- und Selektionstechnik werden anhand einer Automatentafel veranschaulicht:
Vom Teilestammband werden Rohdaten eingelesen und in sequentiellen Dateien aufbereitet, wobei die Teile für jede der n-Varianten nach aufsteigenden Teilenummern geordnet werden. Somit kann auf die Daten der Dateien über Index sequentiell zugegriffen werden (UP INDEX). Aus den n-Dateien werden Listen aufgebaut, in denen sämtliche Teile nach den Teilekennzeichen unterschieden, eingeordnet werden. Die Einordnung der Teile erfolgt mit Hilfe eines Binär-Suchverfahrens. Dieser Vorgang wird für sämtliche Varianten wiederholt. Die Auswahl der nach der Teilekennzeichnung bzw. Teilenummernbereiche spezifizierten Teile erfolgt mit Hilfe eines Interpreters (UP INTERP), der die betroffenen Teile in den einzelnen Listen markiert. Der entscheidende Vorteil dieses Unterprogramms liegt in der interaktiven Auswahl der Teilespezifikation. Der Interpreter prüft die Eingabe der Teilekennzeichen auf Plausibilität und "kreuzt" die Teile nach den eingegebenen Teilekennzeichen in den Dateien an. Als spezifische Teilekennzeichen können die Variantennummern und auf die Teile bezogen Fertigungsstufe, Dispositionsstufe, Bezugs-

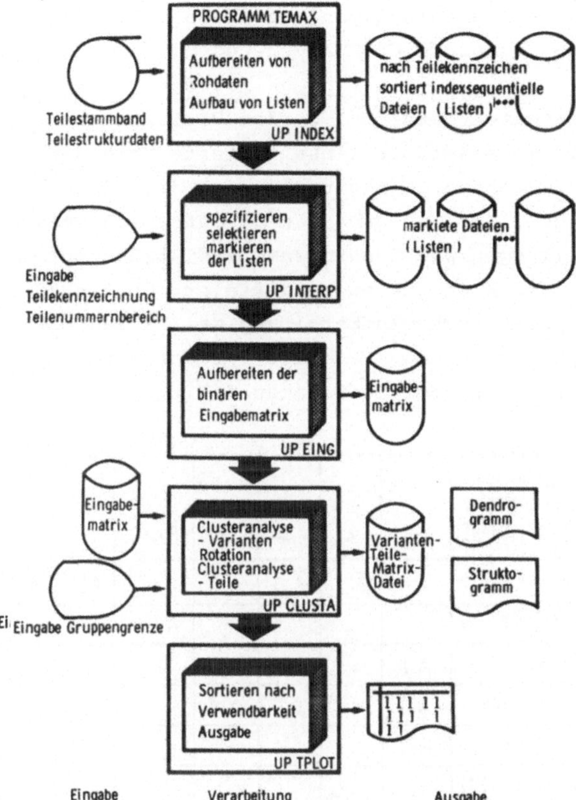

Bild 53: Ablaufschritte und Unterprogramme des Programms TEMAX

art, ABC-Schlüssel und einzelne Teilenummern oder -bereiche vorgegeben werden. Die Selektionsschritte, die innerhalb des Programms ablaufen, können anhand der in Bild 59 gezeigten Automatentafel nachvollzogen werden. Ein Automat beinhaltet die Vorschriften für die Selektion und beschreibt die Zustands-Übergangsstruktur eines Vorgangs. Als Beispiel ergeben sich in der Zeile des Ausgangszustandes A0 mehrere Möglichkeiten von Teilenummern (A1), Teilenummernbereiche (A2, A3) oder der Unterdrückung einer Eingabe (A12). Jeder gewählte Selektionsschritt (Eingabe eines Zeichens) zieht weitere Schritte nach sich, die jeweils innerhalb der Automatentafel eine "eigene" Zeile repräsentieren. Durch "!" kommt der Automat in den Zustand A12, mit dem die Eingabe von Teilekennzeichen beendet ist.

Im Anschluß an die Teileselektion wird eine binäre Eingabematrix für die Clusteranalyse aufgebaut. Für die Clusteranalyse wird das Programm CLUSTA verwendet, das nach dem Ward-Verfahren mit der quadrierten, euklidischen Distanz als Abstandsmaß arbeitet. Zunächst werden Variantengruppen nach ihrer ähnlichen Teileverwendung klassifiziert. Nach der Rotation der Eingabematrix werden Teilegruppen nach der Häufigkeit ihrer Verwendung gebildet. Ausgabe dieses Unterprogramms sind graphische Darstellungen wie Dendrogramm und Strukturgramm, mit deren Hilfe die Klassengrenzen definiert werden können. Danach erfolgt die graphische Aufbereitung der Varianten-Teile-Matrix mit einem Unterprogramm (UP TPLOT). Zuvor wird eine Sortierung nach der Verwendung der Teile angestellt.

ZUSTAND	EINGABEZEICHEN / BESCHREIBUNG	(0-9)	<	>	=	SEPARATOR	!	?	-
A 0		A 1	A 2	A 3	A 4		A12	A13	A 6
A 1	LEFTPART					A 7			A 6
A 2	<	A 5		A 9	A10				
A 3	>/<>>	A 1			A 4				
A 4	=/>=/<>=	A 1							
A 5	RESTRICTION					A 7			
A 6	-	A 5	A11		A10				
A 7	SEPARATOR	A 1	A 2	A 3	A 4	A 7	A12	A13	A 6
A 9	<>	A 1	A11	A 3	A 4	A 7			A 6
A10	<=/-=	A 5							
A11	-</<><	A 5			A10				
A12	!								
A13	?								

Bild 54: Zustandsdiagramm eines finiten Automaten (Automatentafel) zur Beschreibung der Vorgänge in Unterprogramm INTERP

Während die Aufbereitung der Daten ein einmaliger Vorgang zur Analyse der Produktstruktur ist, können die restlichen Unterprogramme in ein Verfahren zur Materialdisposition implementiert werden. Durch die interaktive Eingabe von Teilekennzeichen bzw. durch die Selektion von Teiledaten nach Eingabe eines Variantenprogramms wird eine auf die aktuellen Anforderungen und Daten eines Produktionsprogramms bezogene Produktstrukturdifferenzierung möglich.

10.3 Beschreibung des Programms CLUSTUS zur Clusteranalyse (Nassi - Shneiderman - Diagramme)

<table>
<tr><td colspan="2">A
Einlesen, Aufbereiten und Drucken der Parameter</td></tr>
<tr><td>THEN</td><td>IF KOR = 2   ELSE</td></tr>
<tr><td>Einlesen der
Distanz/
Ähnlichkeitsmatrix</td><td>B
Einlesen der Daten mit
SUBROUTINE DATA

C
Berechnung der Distanz /
Ähnlichkeitsmatrix</td></tr>
<tr><td colspan="2">D
Ausdruck der Distanz / Ähnlichkeitsmatrix</td></tr>
<tr><td colspan="2">E
Berechnung der Cluster und Ausdrucken
des Korrelationsniveaus</td></tr>
<tr><td colspan="2">F
Plotprogramm für Dendrogramm</td></tr>
<tr><td colspan="2">G
Plotprogramm für Korrelationsniveaus</td></tr>
</table>

1. Verfeinerung von A
(Einlesen,Aufarbeiten und Drucken der Parameter)

Einlesen der Parameterkarte mit:

NA ... Anzahl der Merkmalsträger
NI ... Anzahl der Merkmale
KM ... Methode: Maximum-Methode(1)/Mean-Methode(Ø)
Minimum-Methode(1)
Maximum-Methode mit binärer Matrix(2)
Maximum-Methode mit binärer Matrix(-2)
KR ... Maß:Ähnlichkeit (1)/Kart,-C (Ø)/Distanz(-1)
KOR ... Modus:Ähnlichkeits-/Distanzmatrix wird nicht ausgedruckt/ausgedruckt(1)/ eingelesen(2)
NS ... Anzahl der Ittemstufen (nur für Kont.-C und Distanz
SU ... Minimaler Skalenwert(nur für Kont.-C und Distanz
MAXLEN.. maximaler Level,auf dem eine Gruppe gebildet wird
BILD .. Anzahl der Druckspalten : 68(ø) / 118(1)
TEXT ... Kommentierender Text

Ausdrucken der Parameter

IF IBILD =Ø

THEN	ELSE
IBILD=68	IBILD=118

Festlegen der Werte von ISPALT,ISCAL,INCR,IANZ

1. Verfeinerung von B
(SUBROUTINE DATA)

Einlesen der Formatkarten pro Merkmalsträger (Kart)

DO I= 1,KART

Einlesen der Formate
und sequentielles Ablegen in I FORM

DO I = 1,NA

Einlesen der 1. Karte eines Merkmalsträgers im
angegebenen Format (Name und Merkmale)

THEN

ELSE

DO K = 2,KART

Einlesen der weiteren
Karten eines
Merkmalsträgers

1. Verfeinerung von C
(Berechnung der Distanz / Ähnlichkeitsmatrix)

```
IF KM=2 OR KM=-2
THEN
    Alle Matrixelemente>0
      werden zu 1. gesetzt
    KM = KM / 2
ELSE
NM = NA  -1
DO J =  1,NM
    DO  K = 1,NI
        X (K) =  R ( J,K)
    IU = J +1
    DO I = IU,NA
        DO K = 1,NI
            Y (K) = R (I,K)
        Berechnung der Distanz bzw. Ähnlichkeit
        mit DIST (KR<Ø),KORC(KR =Ø) oder KORR (KR>Ø)
        und Abspeichern in R1
        RH (I) = R1
    DO I = IU,NA
        R (J,I) = RH (I)
DO J = 1,NM
    IF KR = -1
    THEN
        R (J,J) = Ø.
    ELSE
        R (J,J) = 1.
    IU = J +1
    DO I = IU, NA
        R (I,J) =R (J,I)
IF KR = -1
THEN
    R (NA,NA) = Ø.
ELSE
    R(NA,NA) =1.
```

1.Verfeinerung von E

(Berechnung der Cluster)

```
KM = -KM * KR
DO IS = 1, NM
    IF KR = -1
    THEN
        RM = 1
        DO I=1,NM
            JU=I+1
            DO J=JU,NA
                IF R(I,J) ≥ RM OR R(I,J) > 1.1
                THEN
                ELSE
                    RM=R(I,J)
                    KI=I
                    KJ=J
    ELSE
        RM = -1
        DO I=1,NM
            JU=I+1
            DO J=JU,NA
                IF R(I,J) ≤ RM OR R(I,J) > 1.1
                THEN
                ELSE
                    RM=R(I,J)
                    KI=I
                    KJ=J
    R (KI, KJ) = 2.
    IF KI < KJ
    THEN
        KU=KI; KO=KJ
    ELSE
        KU=KJ; KO=KI
    KUW=KU-1;KOW=KO-1;KUM=KU+1;KOM=KO+1
    IF KUW < 1
    THEN
    ELSE
        DO I=1,KUW
            R1=R(I,KU);R2=R(I,KO)
            CALL CHOICE (R1,R2,KM,KR)
            R(I,KU)=R1;R(I,KO)=2.
    IF KOM > NA
    THEN
    ELSE
        DO J=KOM,NA
            R1=R(KU,J);R2=R(KO,J)
            CALL CHOICE (R1,R2,KM,KR)
            R(KU,J)=R1;R(KO,J)=2.
```

```
THEN                     IF KO-KU = 1                     ELSE
                              DO K=KUM,KOW
                                 R1=R(KU,K);R2=R(K,KO)
                                 CALL CHOICE (R1,R2,KM,KR)
                                 R(KU,K)=R1;R(K,KO)=2.
IM(IS,1) = KI;IM(IS,2) = KJ;IM(IS,3) = RM*ISKAL+Ø.5
THEN                     IF RM < Ø                        ELSE
IM(IS,3)=RM*ISKAL-Ø.5
THEN                     IF KR = -1                       ELSE
IM(IS,3)=ISKAL-IM(IS,3)
Ausdrucken eines Korrelationsniveaus:IS,RM,NAMEN(KI),NAMEN(KJ)
```

1. Verfeinerung von F

(Plotprogramm für Dendrogramm)

F 1 Bestimmung einer zeichenbaren Folge
F 2 Plot der Cluster

1. Verfeinerung von F1

(Bestimmung einer zeichenbaren Folge)

```
NV (1) = IM (NM,1); NV (2) = IM (NM,2); IZ = 2
DO I = 2, NM
    IH = NA-1; J = 1
    WHILE NV (J) ≠ IM (IH,1) AND J ≤ IZ
        J = J+1
    IF J ≤ IZ
    THEN
        JH = J+1
        IF JH > IZ
        THEN
        ELSE
            KK = Ø
            DO K=JH,IZ
                KK=KK+1
                JJ=IZ-KK+1
                JP=JJ+1
                NV(JP)=NV(JJ)
        NV (JH) = IM (IH,2)
    ELSE
    IZ = IZ + 1
```

1. Verfeinerung von F2

(Plotprogramm für Dendrogramm)

```
Schreiben einer Kopfzeile
DO I = 1, ISPALT
    IZW (I) = ILE; LV (I) = IZW (I)
DO I = 1, ISPALT, INCR
    IZW (I) = IZWH
Schreiben der Zwischenzeile IZW
CALL INITGRP (INDGRP)
DO I = 1, NA
    IH=NV (I); JU=1; IP=I+1
    DO J=1,ISPALT
        LVL (I)=LV(J); LV(J)=IZW(J); IZEI(J)=ILE
    J = 1
    WHILE IM(J,J) < Ø AND J ≤ NM
        IF IH≠IM(J,1) AND IH≠IM(3,2)
        THEN
            J=J+1
        ELSE
            IF IH=IM(J,1)
            THEN
                ISP=IM(3,2)
            ELSE
                ISP=IM(J,1)
            IH=ISPALT-IH(J,J)
            IZEI(JH)=IPU
            JO=JH-1
            IF JO < JU
            THEN
            ELSE
                DO K=JU,JO
                    IZEI(K)=IST
            JU=JH+1
            IF I=NA
            THEN
                JU=ISPALT+1
                (JU > ISPALT)
            ELSE
                K=IP
                WHILE NV(K)≠
                ISP
```

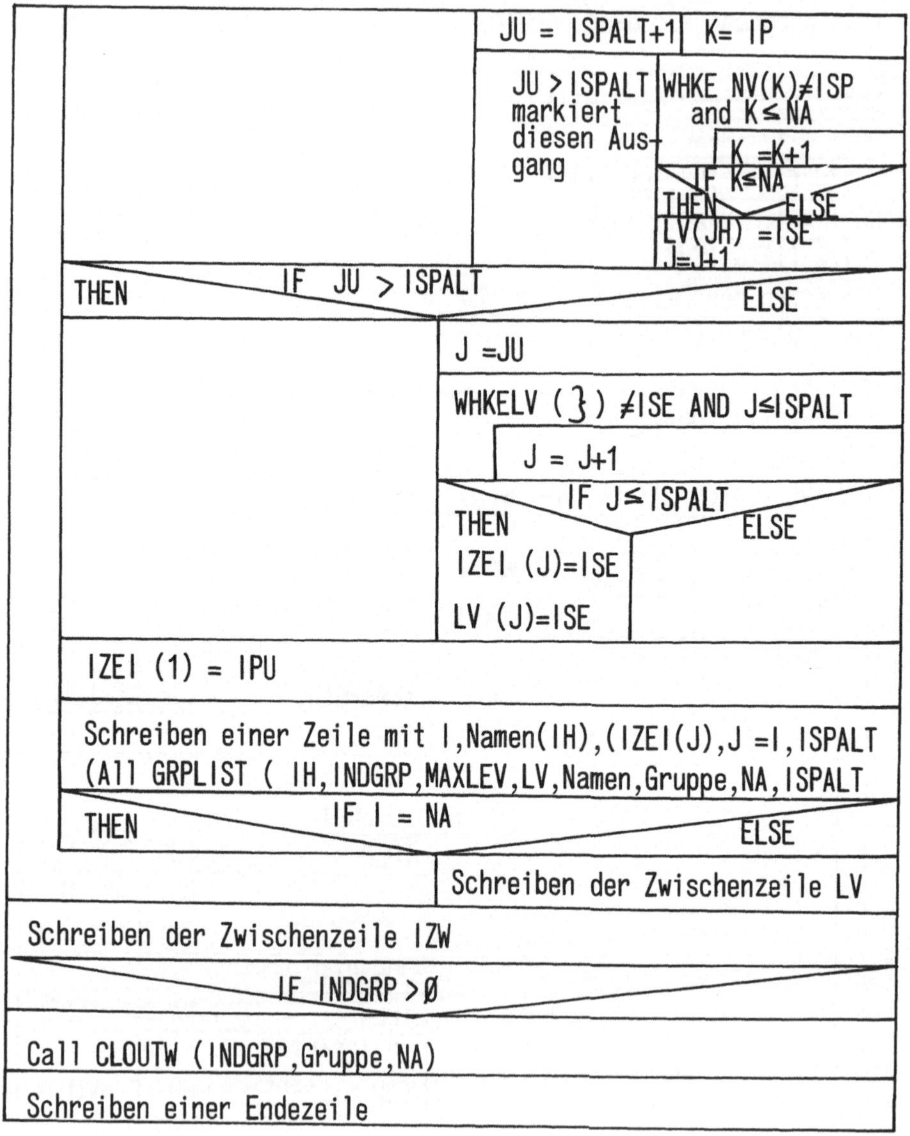

JU = ISPALT+1

K= IP

JU > ISPALT markiert diesen Ausgang

WHKE NV(K)≠ISP and K≤NA

K =K+1

IF K≤NA

THEN ELSE

LV(JH) =ISE

J=J+1

IF JU > ISPALT

THEN ELSE

J =JU

WHKELV (J) ≠ISE AND J≤ISPALT

J = J+1

IF J≤ISPALT

THEN ELSE

IZEI (J)=ISE

LV (J)=ISE

IZEI (1) = IPU

Schreiben einer Zeile mit I,Namen(IH),(IZEI(J),J =I,ISPALT

(All GRPLIST (IH,INDGRP,MAXLEV,LV,Namen,Gruppe,NA,ISPALT

IF I = NA

THEN ELSE

Schreiben der Zwischenzeile LV

Schreiben der Zwischenzeile IZW

IF INDGRP >Ø

Call CLOUTW (INDGRP,Gruppe,NA)

Schreiben einer Endezeile

1. Verfeinerung von G

(Plotprogramm für Korrelationsniveaus)

```
DO I = 1,11
   F (J) = Ø.1 * I-Ø.1
Schreiben der Kopfzeile F
I = 1
WHILE I ≤ NM AND IM (I,J) ≥ Ø
   DO J=1,ISPALT
      IZW(J) = ILE
   IZW(1) = ISE
   DO K = 1,1Ø
      J=INCR*K+1
      IZW(J)=ISE
   IHS=IM (I,J)+1
   IZW (IHS)=ISN
   Schreiben der Zeile IZW
   I = I+1
```

SUBROUTINE CHOICE (R1, R2, KM, KR)

THEN	IF KM < Ø	ELSE
Minimum - Methode		(see below)

ELSE branch:

THEN	IF KM > Ø	ELSE
Maximum - Methode		Mean - Methode

Minimum - Methode

THEN	IF R2 < R1	ELSE
R1 = R2		

Maximum - Methode

THEN	IF R2 > R2	ELSE
R1 = R2		

Mean - Methode

THEN	IF KR ≠ 1	ELSE
R1=(R1+R2)*Ø.5		R1=Ø.5* (Ø.5*ALOG((1.+R1)/(1.-R1))+ Ø.5*ALOG((1.+R2)/)1.-R2))) R1=(EXP(R1*2.)-1.)/ (EXP(R1*2.)+1.)

```
SUBROUTINE KORR  ( X, Y, N, R1 )
DIMENSION        X(650), Y(650)
```

```
SX=Ø; SY=Ø; SXX=Ø; SYY=Ø; SXY=Ø
DO I=1,N
   SX=SX+X(I)
   SY=SY+Y(I)
   SXX=SXX+X(I)*X(I)
   SYY=SYY+Y(I)*Y(I)
   SXY=SXY+X(I)*Y(I)
RN=N; R1=Ø.
IF RN*SXX ≤ SX*SX OR RN*SYY ≤ SY*SY
THEN
   (empty)
ELSE
   R1=(SXY*RN-SX*SY)/
      SQRT((RN*SXX-SX*SX)
        *(RN*SYY-SY*SY))
```

```
SUBROUTINE KORC ( X, Y, N, R1, NS, SU )
DIMENSION       X(650), Y(650), IH(2,2)
```

```
DO I=1,2
  DO J=1,2
    IH(I,J)=Ø
THEN            IF NS > 2            ELSE
IU = 1                    | IU = 2
DO I=1, N
  S=SU; I1=1; I2=1
  DO IS= IU, NS
    S=S+1.
    THEN        IF X(I) = S          ELSE
    I1=2                  |
                IF Y(I) = S
    I2=2                  |
   IH(I1, I2)=IH(I1, I2)+1
A=IH(1,1); B=IH(2,1); C=IH(1,2); D=IH(2,2)
S=A+B+C+D
V=A*D - B*C
CH=(S*V*V)/((A+B)*(A+C)*(B+D)*(C+D))
C=SQRT(CH/(CH+S))
R1=C*SQRT(2.)

THEN            IF V <Ø              ELSE
R1=-R1                    |
```

```
SUBROUTINE DIST  ( X, Y, N, R1, DMAX )
DIMENSION        X(650), Y(650)
```

R1=Ø.
DO I=1, N
R1= +(X(I)-Y(I))*(X(I)-Y(I))
R1=SQRT(R1)
R1=R1/DMAX

```
SUBROUTINE BINMAT ( NA, NI )
COMMON R ( 10, 176 )
```

DO I=1, NA		
DO J=1, NI		
THEN	IF R(I,J) > Ø.	ELSE
R(I,J)=1.		

SUBROUTINE INITGRP (INDGRP)

INDGRP = Ø

SUBROUTINE GRPLIST (IH,INDGRP,MAXLEY,LY, NAMEN, GRUPPE,NA,ISPALT
INTEGER LV (1Ø1),NAMEN (NA), GRUPPE (NA)
REAL MAXLEY

INDGRP=INDGRP+1	
GRUPPE (INDGRP)=NAMEN (IH)	
IF CLEVEL (LV,ISPALT) ≥ MAXLEY	
CALL CLOUTW (INDGRP,GRUPPE,NA)	

FUNCTION CLEVEL (LV, ISPALT)
INTEGER LV (1Ø1)
DATA ISE / "I" /

I=1	
WHILE LV(I)≠ISE AND I ≤ ISPALT	
I=I+1	
IF LV(I)=ISE	
CLEVEL=FLOAT(I-1)/FLOAT(ISPALT-1)	CLEVEL=Ø.

```
SUBROUTINE CLOUTW ( INDGRP, GRUPPE, NA )
INTEGER GRUPPE ( NA )
```

Schreiben von INDGRP auf den File CLOUT
DO I=1, INDGRP
Schreiben des Gruppenmitglieds GRUPPE(I) auf CLOUT
INDGRP=Ø

```
IZEI (JH)=IPU
JO=JH-1
IF JO < JU
  THEN
  ELSE
    DO K=JU,JO
      IZEI(K)=IST
JU=JH+1
IF I=NA
  THEN
    JU=ISPALT+1
    (JU > ISPALT
     markiert
     diesen
     Ausgang
  ELSE
    K=IP
    WHILE NV(K)≠ISP
    AND K   NA
      K=K+1
    IF K≤NA
      THEN
        LV(JH)=
        ISE
        J=J+1
      ELSE
IF JU > ISPALT
  THEN
  ELSE
    J=JU
    WHILE LVL(J)≠ISE AND J≤ISPALT
      J=J+1
    IF J≤ISPALT
      THEN
        IZEI(J)=ISE
        LV(J)=ISE
      ELSE
IZEI (1) = IPU
Schreiben einer Zeile mit I,NAMEN(IH),(IZEI(J),J=I,SPALT)
CALL GRPLIST(IH,INDGRP,MAXLEV,LV NAMEN,GRUPPE,NA,ISPALT
IF I = NA
  THEN
  ELSE
    Schreiben der Zwischenzeile LV
Schreiben der Zwischenzeile IZW
IF INDGRP > Ø
  CALL CLOUTW (INDGRP,GRUPPE,NA)
Schreiben einer Endzeile
```

Stufenweise Ableitung eines praktischen Planungssystems für den Entwicklungsbereich
Von R. Hichert. ISBN 3-7830-0149-8.
1978, 151 Seiten, kartoniert. 52,— DM

Produktionsplanung mit Auftragsfamilien
Von U. W. Geitner. ISBN 3-7830-0161.7.
1979, 110 Seiten, kartoniert. 45,— DM

Thermisch-chemisches Entgraten
Von T. Wagner. ISBN 3-7830-0164-1.
1979, 111 Seiten, kartoniert. 45,— DM

Untersuchung der Materialflußkosten bei ausgewählten Systemen der Zentralen Arbeitsverteilung
Von R. Wenzel. ISBN 3-7830-0162-5
1979, 168 Seiten, kartoniert. 86,— DM

Anpassung und Einführung eines Planungssystems für die Ablaufplanung im Konstruktionsbereich
Von W. Dangelmaier. ISBN 3-7830-0163-3.
1979, 168 Seiten, kartoniert. 80,— DM

Längenmessungen an bewegten Teilen mit berührungslos wirkenden Aufnehmern
Von H. Lang. ISBN 3-7830-0157-9
1979, 89 Seiten, kartoniert. 42,— DM

Untersuchung multistabiler Strömungselemente und ihr Einsatz in sequentiellen Steuerungen
Von A. Ernst. ISBN 3-7830-0157-9.
1979, 122 Seiten, kartoniert. 48,— DM

Taktile Sensoren für programmierbare Handhabungsgeräte
Von M. Schweizer. ISBN 3-7830-0158-7.
1979, 91 Seiten, kartoniert. 42,— DM

Die rechnerunterstützte Prüfplanung
Von P Blasing. ISBN 3-7830-0152-8.
1979, 100 Seiten, kartoniert. 44,— DM

Verfahren zur Fabrikplanung im Mensch-Rechner-Dialog am Bildschirm
Von W. Ernst. ISBN 3-7830-0156-0.
1979, 218 Seiten, kartoniert 72,— DM

Rechnerunterstütztes Verfahren zur Leistungsabstimmung von Mehrmodell-Montagesystemen
Von M. Gorke. ISBN 3-7830-0155-2.
1979, 139 Seiten, kartoniert. 50,— DM

Standortbezogene Betriebsmittel
Von G. Pflieger. ISBN 3-7830-0167-6.
1979, 127 Seiten, kartoniert. 52,— DM

Die betriebswirtschaftliche Beurteilung neuer Arbeitsformen
Von B.-H. Zippe. ISBN 3-7830-0168-4.
1979, 350 Seiten, kartoniert. 98,— DM

Untersuchung des Arbeitsverhaltens programmierbarer Handhabungsgeräte
Von B. Brodbeck. ISBN 3-7830-0169-2.
1979, 117 Seiten, kartoniert. 48,— DM

Untersuchung eines kohärent-optischen Verfahrens zur Rauheitsmessung
Von N. Rau. ISBN 3-7830-0174-9.
1979, 117 Seiten, kartoniert. 48,— DM

Entwicklung einer programmierbaren, pneumatischen Steuerung
Von D Klemenz. ISBN 3-7830-0171-4.
1979, 93 Seiten, kartoniert. 42,— DM

Diese Berichte sind zu beziehen durch den Krausskopf-Verlag, Lessingstraße 12, 6500 Mainz

IPA Forschung und Praxis

Berichte aus dem Fraunhofer-Institut für Produktionstechnik und Automatisierung, Stuttgart, und dem Institut für Industrielle Fertigung und Fabrikbetrieb der Universität Stuttgart

Herausgeber: Prof. Dr.-Ing. H. J. Warnecke

38 **Arbeitsgangterminierung mit variabel strukturierten Arbeitsplänen — Ein Beitrag zur Fertigungssteuerung flexibler Fertigungssysteme**
Von U. Maier. ISBN 3-540-10213-2.
1980, 111 Seiten mit 45 Abbildungen. 43,— DM

39 **Kapazitätsabgleich bei flexiblen Fertigungssystemen**
Von P. S. Nieß. ISBN 3-540-10372-4
1980, 151 Seiten mit 57 Abbildungen 48,— DM

40 **Schichtdickenverteilung auf galvanisierten Paßteilen am Beispiel kleiner abgesetzter Wellen und Bohrungen**
Von D. Wolfhard. ISBN 3-540-10373-2
1980, 177 Seiten mit 83 Abbildungen 48,— DM

41 **Planung von Mehrstellenarbeit unter Berücksichtigung von Umfeldaufgaben**
Von S. Häußermann. ISBN 3-540-10374-0
1980, 136 Seiten mit 59 Abbildungen 48,— DM

42 **Untersuchungen zur Schmierfilmdicke in Druckluftzylindern — Beurteilung der Abstreifwirkung und des Reibungsverhaltens von Pneumatikdichtungen mit Hilfe eines neu entwickelten Schmierfilmdicken-meßverfahrens**
Von R. Kohnlechner. ISBN 3-540-10375-9
1980, 100 Seiten mit 38 Abbildungen und 4 Tabellen. 43,— DM

43 **Typologie zum überbetrieblichen Vergleich von Fertigungssteuerungsverfahren im Maschinenbau**
Von G. Rabus. ISBN 3-540-10376-7
1980, 174 Seiten mit 88 Abbildungen und 21 Tafeln 48,— DM

44 **System zur Planung des Umlaufbestandes in Betrieben mit Serienfertigung**
Von K.-G. Wilhelm. ISBN 3-540-10377-5.
1980, 142 Seiten mit 67 Abbildungen und 15 Tafeln 48,— DM

45 **Rechnerunterstützte Arbeitsplanerstellung mit Kleinrechnern, dargestellt am Beispiel der Blechbearbeitung**
Von W. Hoheisel. ISBN 3-540-10505-0.
1981, 169 Seiten mit 74 Abbildungen. 48,— DM

46 **Beitrag zur Verbesserung der Wirtschaftlichkeit EDV-unterstützter Fertigungssteuerungssysteme durch Schwachstellenanalyse**
Von J. Lienert. ISBN 3-540-10506-9.
1981, 148 Seiten mit 37 Abbildungen 48,— DM

47 **Die Abscheidung von Öl an Entlüftungsöffnungen drucklufttechnischer Anlagen**
Von W.-D. Kiessling. ISBN 3-540-10604-9
1981, 117 Seiten mit 48 Abbildungen und 3 Tabellen. 43,— DM

48 **Dynamische Optimierung technisch-ökonomischer Systeme**
Von J. Warschat. ISBN 3-540-10717-7
1981, 132 Seiten mit 60 Abbildungen 43,— DM

49 **Bildsensor zur Mustererkennung und Positionsmessung bei programmierbaren Handhabungsgeräten**
Von H. Geißelmann. ISBN 3-540-10735-5.
1981, 125 Seiten mit 52 Abbildungen. 43,— DM

50 **Verfügbarkeitsberechnung für komplexe Fertigungseinrichtungen**
Von Ekkehard Gericke. ISBN 3-540-10779-7.
1981, 132 Seiten mit 71 Abbildungen. 43,— DM

51 **Materialflußgestaltung in Fertigungssystemen**
Von Willi Rößner. ISBN 3-540-10888-2.
1981, 149 Seiten mit 76 Abbildungen. 48,— DM

52 **Beitrag zur Analyse der Auswirkungen der Mikroelektronik, dargestellt am Beispiel der Büromaschinen-Industrie**
Von Werner Neubauer. ISBN 3-540-10991-9.
1981, 145 Seiten mit 27 Abbildungen und 47 Tabellen. 43,— DM

53 **Modelle von Informationssystemen zur kurzfristigen Fertigungssteuerung und ihre Gestaltung nach betriebsspezifischen Gesichtspunkten**
Von Roland Gentner. ISBN 3-540-10992-7.
1981, 181 Seiten mit 69 Abbildungen und 7 Tabellen. 48,— DM

54 **Entwicklung von Verfahren zur Terminplanung und -steuerung bei flexiblen Montagesystemen**
Von Jürgen H. Kolle. ISBN 3-540-11227-8.
1981, 132 Seiten mit 64 Abbildungen und 1 Faltplan. 43,— DM

55 **Arbeits- und Kapazitätsteilung in der Montage**
Von Stefan Dittmayer. ISBN 3-540-11228-6
1981, 124 Seiten und 56 Abbildungen 43,— DM

Die Berichte 38 und folgende sind zu beziehen durch den Springer-Verlag, Berlin Heidelberg New York Tokyo

IPA Forschung und Praxis

Berichte aus dem Fraunhofer-Institut für Produktionstechnik und Automatisierung, Stuttgart, und dem Institut für Industrielle Fertigung und Fabrikbetrieb der Universität Stuttgart

Herausgeber: Prof. Dr.-Ing. H. J. Warnecke

56 **Beitrag zur systematischen Planung der Qualitätsprüfung bei Klein- und Mittelserienfertigung**
Von Herbert Babic. ISBN 3-540-11325-8
1982, 108 Seiten mit 38 Abbildungen und 7 Tabellen. 53.– DM

57 **Methode zur rechnerunterstützten Einsatzplanung von programmierbaren Handhabungsgeräten**
Von Uwe Schmidt-Streier. ISBN 3-540-11355-X.
1982, 188 Seiten mit 72 Abbildungen. 53.– DM

58 **Werkstoff- und Energiekennwerte industrieller Lackieranlagen, am Beispiel der Automobilindustrie**
Von Rainer Manfred Thiel. ISBN 3-540-11356-8.
1982, 116 Seiten mit 59 Abbildungen. 53.– DM

59 **Maßnahmen zum Verbessern der pneumatischen Lackzerstäubung – Teilchengrößenbestimmung im Spritzstrahl –**
Von Klaus Werner Thomer. ISBN 3-540-11507-2.
1982, 162 Seiten mit 94 Abbildungen und 1 Tabelle. 53.– DM

60 **Ermittlung und Bewertung von Rationalisierungsmaßnahmen im Produktionsbereich**
Von Jürgen Schilde. ISBN 3-540-11730-X.
1982, 158 Seiten mit 57 Abbildungen. 53.– DM

61 **Untersuchung von Verfahren der Reihenfolgeplanung und ihre Anwendung bei Fertigungszellen**
Von Mohamed Osman. ISBN 3-540-11747-4.
1982, 124 Seiten mit 32 Abbildungen und 3 Tabellen. 53.– DM

62 **Ein Simulationsmodell zur Planung gruppentechnologischer Fertigungszellen**
Von Volker Saak. ISBN 3-540-11747-4.
1982, 134 Seiten mit 53 Abbildungen. 53.– DM

63 **Verfahren zur technischen Investitionsplanung automatisierter Fertigungsanlagen**
Von Günter Vettin. ISBN 3-540-11747-4.
1982, 134 Seiten mit 63 Abbildungen. 53.– DM

64 **Pneumatische Sensoren zur prozeßsimultanen Messung des Werkzeugverschleißes und zur Kollisionsvermeidung beim Messerkopffräsen**
Von Wolfgang Jentner. ISBN 3-540-11747-4.
1982, 126 Seiten mit 47 Abbildungen und 6 Tabellen. 53.– DM

65 **Rechnerunterstützte Gestaltung ortsgebundener Montagearbeitsplätze, dargestellt am Beispiel kleinvolumiger Produkte**
Von Eberhard Haller. ISBN 3-540-12015-7.
1982, 130 Seiten mit 43 Abbildungen. 53.– DM

66 **Fernsehüberwachung von Schutzgasschweißvorgängen mit abschmelzender Elektrode MIG – MAG**
Von Ruprecht Niepold. ISBN 3-540-12181-7.
1983, 178 Seiten mit 73 Abbildungen und 5 Tabellen. 58.– DM

67 **Entwicklung flexibler Ordnungssysteme für die Automatisierung der Werkstückhandhabung in der Klein- und Mittelserienfertigung**
Von Karl Weiss. ISBN 3-540-12455-1.
1983, 116 Seiten mit 68 Abbildungen. 58.– DM

68 **Automatisierte Überwachungsverfahren für Fertigungseinrichtungen mit speicherprogrammierten Steuerungen**
Von Werner Eißler. ISBN 3-540-12456-X.
1983, 128 Seiten mit 66 Abbildungen. 58.– DM

69 **Prozeßüberwachung beim Galvanoformen**
Von Jürgen Wilhelm Böcker. ISBN 3-540-12457-8.
1983, 118 Seiten mit 32 Abbildungen. 58.– DM

70 **LAPEX – Ein rechnerunterstütztes Verfahren zur Betriebsmittelzuordnung**
Von Stephan Mayer. ISBN 3-540-12490-X.
1983, 162 Seiten mit 34 Abbildungen und 2 Tabellen. 58.– DM

71 **Gestaltung eines integrierten Produktionssystems für die Sortenfertigung unter Einsatz der Clusteranalyse**
Von Gerald Weber. ISBN 3-540-12650-3.
1983, 194 Seiten mit 54 Abbildungen. 58.– DM

72 **Gußputzen mit sensorgeführten, programmierbaren Handhabungsgeräten**
Von Eberhard Abele. ISBN 3-540-12651-1.
1983, 133 Seiten mit 66 Abbildungen. 58,– DM